U0826568

黄石地区地质教学实习指导书

HUANGSHIDIQU DIZHIJIAOXUE SHIXI ZHIDAOSHU

叶洪波　杨宝忠　等编著

中国地质大学出版社有限责任公司
ZHONGGUO DIZHI DAXUE CHUBANSHE YOUXIAN ZEREN GONGSI

图书在版编目(CIP)数据

黄石地区地质教学实习指导书/叶洪波,杨宝忠等编著. —武汉:中国地质大学出版社有限责任公司,2011.10

ISBN 978-7-5625-2729-9

Ⅰ.黄…
Ⅱ.①叶…②杨…
Ⅲ.区域地质-黄石市-教育实习-高等教育:远程教育:继续教育-教学参考资料
Ⅳ.P562.633-45

中国版本图书馆 CIP 数据核字(2011)第 195500 号

黄石地区地质教学实习指导书 叶洪波 杨宝忠 **等编著**

责任编辑:王凤林 胡珞兰 责任校对:张咏梅

出版发行:中国地质大学出版社有限责任公司(武汉市洪山区鲁磨路 388 号) 邮政编码:430074
电 话:(027)67883511 传真:67883580 E-mail:cbb @ cug.edu.cn
经 销:全国新华书店 http://www.cugp.cug.edu.cn

开本:787 毫米×1 092 毫米 1/16 字数:110 千字 印张:4.125
版次:2011 年 10 月第 1 版 印次:2011 年 10 月第 1 次印刷
印刷:武汉市珞南印务有限公司 印数:1—2 000 册

ISBN 978-7-5625-2729-9 定价:10.00 元

前 言

湖北黄石地区地质构造复杂，矿产丰富。区内的地层、古生物、岩浆岩和地质构造等地质现象为地质教学实习提供了丰富的地质资料，是一个理想的基础地质教学实习场所。

本教材是为中国地质大学（武汉）远程与继续教育学院地质及相关专业培训而编写的。本教材从巩固培训学员所学地质学基础知识，加深对地质学基本知识和基础理论的理解，提高野外地质现象的观察与分析能力的角度，详细地介绍了实习区内的地貌、区域地质、三大岩类、褶皱及断裂等各个方面，设计了十条地质实习教学路线。另外还系统地讲解了野外地质工作基本方法、实习报告的编写与要求，尽量增强本教材的实用性。

本教材共分五部分。绪言、第一章由叶洪波、刘萍编写，第二章、第三章由杨宝忠、容东林、董玉森编写，第四章由叶洪波、张红莺编写，最后由叶洪波统编定稿。

本教材在编写过程中得到中国地质大学（武汉）地球科学学院构造地质系的大力支持和帮助，在此表示衷心感谢。

由于时间仓促，水平有限，教材中不足之处在所难免，恳请广大读者批评指正。

编者

2011 年 9 月

前 言

[illegible]

[illegible]

本教材共分五部分，[illegible]

[illegible]

[illegible]

编者

2011 年 9 月

目　录

绪　言……………………………………………………………………（1）
一、实习目的、要求与注意事项……………………………………（1）
二、自然经济地理 ………………………………………………（1）
三、地质调查史 …………………………………………………（2）
第一章　区域地质概况…………………………………………………（4）
一、大地构造位置与构造 …………………………………………（4）
二、地　层 ………………………………………………………（7）
三、岩浆岩与变质岩 ………………………………………………（7）
四、地质演化简史…………………………………………………（11）
第二章　地质实习教学路线 …………………………………………（12）
路线一　实习区踏勘、罗盘使用及野簿记录方法……………………（12）
路线二　观察章山洞—盛伯祥寒武系－石炭系（∈－C）地层 ………（14）
路线三　参观矿山博物馆、黄石国家矿山公园……………………（18）
路线四　观察马垅区域变质岩、岩浆岩、沉积岩及襄广断裂 ………（20）
路线五　观察麻雀脑石香肠、象鼻山岩浆岩、变质岩 ……………（23）
路线六　观察秀山褶皱、断层………………………………………（26）
路线七　观察铜绿山岩浆岩、变质岩参观现代矿山及古铜矿遗址……（29）
路线八　观察盛伯祥—杨五山二叠系—三叠系（P—T）……………（32）
路线九　孤儿墒南坡三叠系大冶组第一、第二段（T_1d^{1-2}）实测剖面……（34）
路线十　西塞山河流地质作用及旅游地质路线 ……………………（35）
第三章　野外地质工作基本方法 ……………………………………（39）
一、罗盘结构及使用方法……………………………………………（39）
二、地形图及其使用方法……………………………………………（41）
三、野簿记录方法……………………………………………………（42）
四、地质路线布置原则………………………………………………（43）
五、地质图及地质剖面图基本概念…………………………………（44）
六、地层柱状图及编绘方法…………………………………………（45）
七、实测剖面图………………………………………………………（46）
第四章　实习报告的编写与要求 ……………………………………（51）
附Ⅰ　各种地质符号 …………………………………………………（53）
附Ⅱ　标准含量图 ……………………………………………………（54）
附Ⅲ　地层代号及色谱 ………………………………………………（55）
附Ⅳ　各种常见岩石花纹图例 ………………………………………（56）
附Ⅴ　国际地层表 ……………………………………………………（59）
主要参考文献 …………………………………………………………（60）

绪 言

一、实习目的、要求与注意事项

黄石地区地质教学实习是为中国地质大学(武汉)远程与继续教育学院地质及相关专业培训学生专门设置的,其目的是巩固所学过的地质学基础知识,加深对地质学基本知识和基础理论的理解,提高野外地质现象的观察与分析能力。实习内容涉及实习区内的地貌、区域地质、三大岩类、褶皱及断裂等各个方面。

通过实习,使学生掌握野外地质工作的基本方法和步骤;掌握三大岩类的野外观察方法与描述内容,了解地层系统的建立原则;掌握野外褶皱、断层等构造现象的识别、观察与描述;掌握野外相关地质图件的绘制方法;具备一定的资料综合分析能力,可以独立完成编写实习报告,为以后的学习和工作打下坚实的地质学基础。

黄石地区地质认识实习主要有10条路线,内容包括地层、岩石、构造和矿产等内容。不同学时、不同专业可以根据需要选择不同的路线。

实习中要注意以下事项:

安全第一。在陡坎、采石场、铁路和公路旁或在阴雨天要注意安全,避免发生意外。

仔细观察。对各种地质现象需要认真仔细观察,掌握各种地质现象的基本特征。

认真记录。对地质现象要认真描述,地质数据要准确测量和记录,对典型地质现象要画素描图或照相。

勤于思考。结合室内教学内容,对观察到的各种地质现象的特征及成因进行分析。

二、自然经济地理

黄石地质教学实习基地位于黄石市铁山区,地理坐标为东经114°54′07″,北纬30°12′22″。实习区以铁山矿区为主,北至浠水县马垅镇,东至大冶县汪仁镇,面积约750 km^2。

铁山区位于湖北省黄石市西部,是镶嵌在长江中游南岸的一颗明珠。铁山矿产丰富,以盛产铁矿石而得名。早在1700多年前,我们的祖先就在这里掘矿冶炼,炉火绵延千年不绝。清末,湖广总督张之洞在这里建设了当时规模为东亚之冠的第一座大型露天铁矿——大冶铁矿,铁山遂成为我国近代钢铁工业的摇篮。铁山物华天宝,人杰地灵。汉代东方朔曾在此潜心读书而成大家名臣;民族英雄岳飞曾在此铸就"大冶之剑";东方山上弘化寺的"宝峰招提"匾额,系唐宪宗御笔遗风;开国领袖毛泽东主席曾亲临铁山视察。

铁山基础设施完备,交通发达。铁路连接京广、京九两条运输大动脉,106国道贯穿全境。改革开放以来,铁山区始终坚持以经济建设为中心,依托资源积累,超越资源发展,促进了经济持续快速发展。工业形成了矿业、建材、机电、化工、轻工五大产业,辖区内有大冶铁矿、东贝集团、鹿峰集团等一大批大中型骨干企业,是全国科技示范城区。

铁山区地处幕阜山北侧，为幕阜山向长江河床冲积平原，辖地内多低山。境内较大的山有东方山、黄荆山、云台山、父子山、七峰山等，最高峰为阳新境内的七峰山主峰南岩岭，海拔860m，次高峰为大冶太婆尖，海拔839.9m，最低处为阳新境内的富水南城潭河床，海拔8.7m。市区形状呈“人”字形，三面环山，一面临江，风光绮丽的磁湖镶嵌在市区中心。磁湖面积8 km^2，是闻名的风景旅游胜地。

长江自北向东流过市境，北起鄂州市艾家湾，下迄阳新县天马岭，全长76.87 km，市境内主要水系有富水水系、大冶湖水系、保安湖水系，还有海口湖、磁湖、青山湖、三山湖、花马湖等水系。最大的水系为阳新境内的富水水系，富水河发源于通山，由西向东，注入长江，全长196km，流域面积5310km^2，在市境内阳新长81km，流域面积2245km^2。大冶湖水系流域面积1339km^2，保安湖水系流域面积570km^2。境内岩溶地貌发育，溶洞众多，很多具有旅游开发价值。全境地势由南西向北东倾斜，地形破碎，局部地方形成不完整的山间盆地。岗地坡度一般较为平缓，沿江一带海拔较低。

铁山区地处中纬度，阳光辐射季节性差别大，远离海洋，陆面多为矿山群，春、夏季下垫面粗糙且增湿快，对流强，加之受东亚季风环流影响，其气候特征冬冷夏热、四季分明，光照充足，热能丰富，雨量充沛，为典型的亚热带东亚大陆性气候。年平均气温17℃，7月最热平均气温29.2℃，1月最冷平均气温3.9℃。无霜期年平均264天，年平均降水量1382.6mm，年平均降雨日132天左右。全年日照1666.4～2280.9小时，占全年月日可照射时数的31%～63%。境内多东南风，年平均风速为2.17m/s。全境气候温和、湿润，冬寒期短，水热条件优越，有利于农作物生长。但由于大气环流、地形、季节变换，气候各要素年际、年内变化较大，因而铁山区时有发生倒春寒、大暴雨、强风、伏秋连旱等灾害性天气。

区内工业发达，是湖北省重要的原材料工业基地。以铁山铁铜矿床、铜绿山铜铁金矿床等多个大型-特大型矿山为依托，以采矿业为龙头，形成了冶炼、机械制造等一系列完整的工业体系。此外，区内石灰岩广泛出露，也是重要的水泥生产地。

区内农业较发达，以水田为主，水田多集中在长江两岸及低平盆地中。粮食作物以水稻为主，次为小麦、豆类、红薯和玉米等；经济作物主要有油菜、棉花和花生等。由于区内水域面积大，水产养殖业也较发达，是湖北的重要渔业生产基地。

区内旅游资源丰富，素有“半城山色半城湖”的美誉。重要的景点有西塞山、东方山、黄石矿山国家公园、磁湖、飞云洞、铜绿山古铜矿遗址等，此外，还有九龙洞、鹿獐山公园、东方山水库、铁山寺、华藏寺等人文和自然景观。

三、地质调查史

实习区地质构造复杂，矿产特别丰富。其地质研究工作始于20世纪末，但解放前的地质工作仅限于一些地区或某一矿产的地质矿产调查。据记载：1924年，谢家荣在《湖北东南部地层系统》一文中，推翻了日本人野田建立的错误的地层划分方案，提出了“大冶石灰岩”、“保安页岩”、“阳新灰岩”等地层划分意见。此外，王恒升、叶良辅、高振西等也对黄石地区作过一些地质调查和专项研究工作。由于老一辈地质学家的辛勤劳动，研究区的地质工作有了一定进展，也为后来地质工作的发展奠定了一定的基础。

建国以来，随着社会主义建设事业的发展，本区的地质工作迅速发展。地质、冶金、煤炭、石油、建材等系统的地质部门都先后在该区开展了大量的地质普查找矿和勘探工作，发现和探明了大批矿床。如铁山铁铜矿床、铜绿山铜铁金矿床已成为我国重要的铁、铜生产基地，伴生的金、银、钴、钼、钨等有益组分已被回收利用；探明的煤炭储量，为建设湖北主要的煤炭生产基地提供了物质基础；还探明了大量水泥原料等矿产。与此同时，湖北省地质矿产局区域地质调查所完成了鄂东南地区的1：200 000和部分1：50 000区域地质调查，在地层、古生物、岩浆岩和地质构造等方面获得了大量资料，并作了较系统的总结和概括。有关部门还系统地开展了区域物探工作，为找矿提供了大量信息，并为研究地球物理和地球化学场提供依据。此外，许多大专院校和科研单位也做了大量研究工作，大大提高了区域地质研究程度，如中南冶金地质研究所、中国地质大学翟裕生、姚书振等对铁铜矿床成矿规律和成矿预测的研究；中国地质大学(武汉)朱志澄等对多层次滑脱拆离构造的研究；中国地质大学(武汉)地质学教研室等也先后对该地区的地层、构造和找矿做了部分研究工作。上述研究工作，为地质教学实习提供了丰富的地质资料，为教学实习基地的建立奠定了坚实的基础。

第一章　区域地质概况

一、大地构造位置与构造

实习区大地构造位置处于扬子板块北缘，襄樊-广济断裂以南。主要受燕山期构造运动影响，发育一系列走向 EW 至 NWW 向的线型褶皱，NW、NWW、NE 和近 EW 向的正断层、逆断层及逆掩断层，断裂活动具多期特征。其中，褶皱在本区占主导地位，并对其他构造有一定的控制作用。主体构造线近 EW 向，在 SN 向主应力作用下，还发育有其他一些次一级的构造形迹。区内现代构造运动呈缓慢下降趋势，新构造运动升降幅度不大，是一个相对稳定地区(图 1－1)。

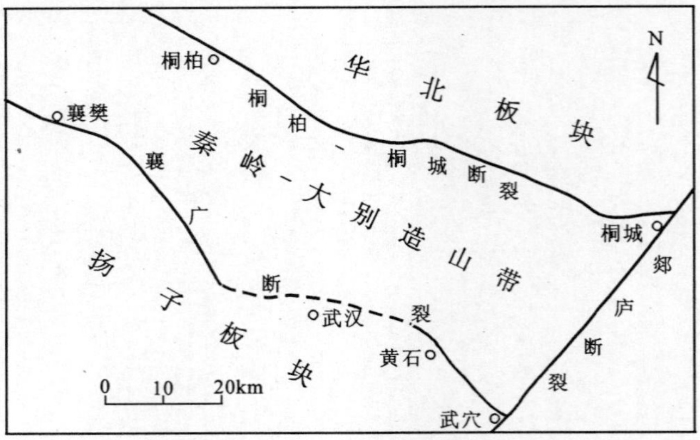

图 1－1　黄石地区大地构造位置图

1. 褶皱

实习区内发育的主要褶皱有汪仁倒转背斜、黄荆金山倒转向斜、碧石渡-花家湖宽缓复式向斜、铁山复式背斜等。

汪仁倒转背斜　背斜走向近 EW，核部位于黄石章山—横山—邱家一带，由中上寒武统地层组成。北翼由奥陶系、志留系及二叠系地层组成，中上寒武统、奥陶系和下志留统地层倒转，南倾，倾角由 30°渐变为近直立，中志留统地层渐变为正常；南翼发育不好，章山一带由于受章山逆掩断层影响，被上泥盆统五通组覆盖，横山—邱家一带被第四系覆盖，未见出露。

黄荆金山倒转向斜　向斜轴部大致位于陆家湾、罗家湾、安天寺一带，轴向近 EW 向，向东与黄石杨五山向斜相连；向西至牛头山颈，由于下陆-姜桥断陷带的影响和牵动，地层发生明显的偏斜，走向 NNE。向斜核部由下三叠统嘉陵江组白云岩、白云质灰岩、角砾状白云质灰岩组成，地层平缓波状。北翼被第四系覆盖，产状倾向南，倾角 10°～40°；南翼由二叠系灰岩、硅质岩及煤系组成，地层倒转，南倾，倾角为 40°～ 60°，较北翼显著变陡。由于南翼岩层具较大塑性，牵引褶皱发育，为尖棱状褶曲，反映了强烈的挤压特征和层间滑动。向斜向西翘起，在陆家湾一带转折端呈尖棱状，南翼及轴部被一系列 EW 向及 NWW 向逆断层或平移逆断层切断。西段构造较为复杂，后期 NNE 向褶皱和逆平移断裂呈反接复合叠加其上。

碧石渡-花家湖宽缓复式向斜　向斜核部地貌为一开阔的低洼带，第四系覆盖严重，仅局部为一些 NWW 向的残丘和小山。核部地层为中侏罗统，两翼依次为武昌组、鸡公山组及蒲圻群。东部花家湖一带由河湖相杂色砂页岩及陆相火山岩系组成，轴线大致在碧石渡、汀祖

北、花家湖一线，西段没入三山湖中，长约10km。轴向NWW，走向上成反“S”形。两翼不对称，北翼倾向SSW，倾角为40°～75°；南翼倾向NE，倾角20°～45°。轴部平缓波状，次级褶曲发育，次级褶皱轴向与主褶皱轴相一致。向斜向西扬起，地层依次封闭，为一宽缓复式向斜。由于岩体的侵入，两翼破坏较强烈。

铁山复式背斜（图1-2）　位于铁山矿区南部，北与铁山杂岩体相接触，南与还地桥—长乐山向斜相邻，南部宽约2km。主要由铁山铺背斜、尖山向斜、太平山背斜组成。核部为二叠系，两翼为下三叠统大冶组、嘉陵江组，一般为斜歪不对称褶曲。褶皱群在平面上有向SE向收敛，向NW方向撒开的特征。东部褶皱紧密，线状，向西褶皱变得开阔。枢纽明显起伏波状。太平山次级背斜，在棺材山以东，成线状特征，北翼产状为20°∠35°～45°，局部倒转，倾向SWW，倾角60°～70°；南翼产状约200°∠30°，向西至卢家湾一带，向西倾伏，太平山一带则较为平缓开阔，褶皱高点成穹状，向东西两端倾伏。两翼产状正常，一般较缓，倾角仅20°左右。铁山铺背斜情况大致与太平山次级背斜相仿。尖山向斜发育在太平山背斜与铁山铺背斜之间，南翼地层正常，倾向NE，倾角20°～25°；北翼倾向NE（倒转）或SW，倾角40°左右。

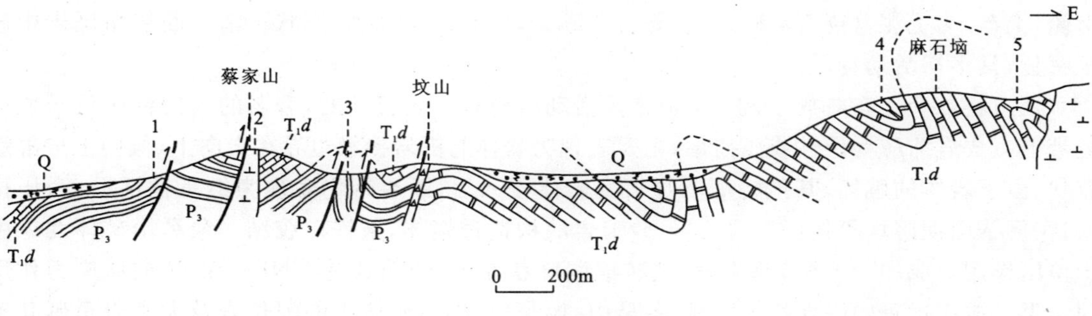

图1-2　铁山复式背斜

1. 太平山背斜；2. 尖山向斜；3. 铁山铺背斜；4. 尖林山向斜；5. 麻石垴背斜

2. 断裂

实习区断裂较发育，以NW—SE向为主，规模较大；其次为NE—SW向，规模相对较小。NW—SE向断层形成较早，多被NE—SW断层错段。其中襄广断裂规模巨大，是扬子板块与秦岭-大别造山带的边界断裂。此外，与实习中还可以观察到章山逆掩断层、陆雁鸿断裂、铁山接触带复合断裂、长乐-秀山断裂等。

襄广断裂　襄（樊）—广（济）断裂是秦岭-大别造山带南缘最重要的边界断裂，规模巨大，具由南向北逆冲的特点，地表上大致构成扬子板块与秦岭-大别造山带的分界。湖北内长约700km，总体呈NW向展布，略呈向NE突出的弧形。西侧延入四川省与城口断裂相接；向SE方向延入安徽境内，被NE向郯庐断裂截切；应城—黄石一带多被第四系掩盖，仅在浠水县马垅镇公路边有部分出露。常由一系列逆冲断层组成，出露宽从50～1000m不等。断层面向南倾，呈犁状，向下变缓，总体在20°～30°之间，常呈舒缓波状延伸，以低缓角度逆冲于红层之上。断裂北侧为秦岭—大别变质地体，局部残留由扬子区地层形成的“飞来峰”；断裂南侧为扬子板块；断裂带中局部挟持有少量秦岭—大别变质地层，它们一起逆掩于白垩纪红层之上。断裂常叠加在早期断裂之上，沿断裂带构造岩发育，主要见有碎裂岩、构造角砾岩、硅化岩，局部见糜棱岩；沿断裂带常见硅化、绢云母化及绿帘石化等蚀变现象。

陆雁鸿断裂 发育于下三叠统中。走向近 EW，断面呈扭曲状，西段倾向北，倾角 60°～70°；东段倾向南，倾角 70°～80°。断裂多期活动明显，早期为压性，中期为张性，晚期为压扭性。早期为压性：断裂带宽 1～2m，断面走向和倾向显舒缓波状，岩石破碎，碎裂岩、糜棱岩、碎斑岩发育，断裂内挤压片理、扁豆状构造透镜体清楚，还有"S"状牵引褶皱等；断裂南盘牵引现象显著，揉曲发育，反映北侧逆冲的压性断裂；后期充填有闪长斑岩脉，成透镜状。中期为张性：断裂南倾，有宽 60～70cm 的张性角砾岩带，角砾成分为灰岩，棱角状，大小混杂，粒径一般为 1～2cm，向西可达 10cm，排列无序，铁质胶结，方解石重结晶现象明显，有一宽 15～20cm 铁矿脉充填在闪长斑岩与角砾岩之间，铁矿脉中可见闪长斑岩及灰岩角砾，铁矿脉具张性充填特征。晚期为压扭性：在断裂中可见一不宽的压扭性构造岩带，仅十余厘米，带内可见磨圆的铁矿、灰岩，闪长斑岩砾石，砾石呈豆状，砾面光滑圆润，由研磨极细的铁矿、钙质及闪长斑岩的碎屑状糜棱物质胶结，具有定向特征，成条带状，局部可见中期张性角砾岩后期显著压偏。

章山逆掩断层 发育于大冶县汪仁镇汪家湾—章山—王家村一带，走向近 EW，南倾，倾角较缓，15°～30°。该断层有明显的破碎带，宽 5～10m，破碎带内断层角砾岩发育，上盘岩石破碎强烈。断层北侧(下盘)为中上寒武统白云岩、白云质灰岩，局部见叠层石，地层倒转；断层南侧(上盘)为上泥盆统石英砂岩、含砾石英砂岩，岩石破碎强烈，产状不清。断层角砾岩中硅化明显，具多期活动特征。

铁山接触带复合断裂 这一构造带其活动历史是比较复杂的，著名的大冶铁矿位于该构造带上。成岩前应为压性或压扭性，主要表现为岩体与围岩接触边界在走向上、倾向上成舒缓波状，由于岩体的破坏，其他特征不显著。岩体侵入后，断裂带仍表现为继承性活动，为压扭性，在狮子山铁门坎等处可见闪长岩、矽卡岩的构造透镜体，被铁矿胶结。象鼻山矿体北缘由于挤压作用形成的"X"形节理发育，铁矿成网脉状充填，说明这是 NNE—SSW 向压应力作用的结果。成矿过程中张性特征明显，象鼻山、狮子山、尖山矿体中的闪长岩及大理岩角砾几乎到处都有，但主要集中在矿体两侧，多为棱角状，个别成呈透镜状，大小混杂，无定向排列。尖山矿体中张性特征更为突出，闪长岩角砾极多，矿体形态复杂，品位发生贫化而且极不稳定。角砾岩成分在平面有一定的分布特点，一般近岩体一侧以岩浆岩角砾为主，近围岩一侧以大理岩为主。这种张性活动一直持续至硫化物-碳酸盐阶段，在整个成矿过程中，呈脉动张开，并逐渐减弱。角砾岩在整个接触带中的分布随接触带方位不同有显著的差异，主要分布在 NNW—NW—NWW 向拉张带范围内，而 NNE—NE 方向则不发育。矿体在空间上的分布大致和角砾岩的空间分布特征相同，NNW—NW—NWW 方向膨大，而在 NNE—NE 方向变薄，尖灭，乃至成为无矿地段。成矿后的活动为压扭性，矿体中和矿体边部往往被一组 NWW 向的断裂结构面所破坏，断面平直略显波状、片劈理发育，构造透镜体，糜棱岩显著，在尖山矿体中部，断裂中充填有安山玢岩脉，因此，这期活动其成生时间应为喜山期。

长乐—秀山断裂 断裂西部被第四系覆盖，仅长乐山、秀山北坡有断续出露。尖殊山南，断裂产状为 30°∠70°～80°，断裂带时窄时宽，宽可达十余米，为逆冲性质，大冶组第三段冲覆于第四段之上，岩石碎裂，具片理，片理走向 NE60°～70°，与主断面有显著的夹角，牵引褶皱轴向近 EW，可见张性分支方解石脉，走向 N30°，据此判断该断裂为一顺时针扭动的压扭性断裂。向东强度逐渐变小、消逝，并有角砾岩出现。至秀山北坡，断裂由宽 20～30m 的角砾岩带组成。由于断裂影响，大理岩化明显沿断裂带分布。角砾岩表现为典型的张性特征，棱角清楚，岩块岩屑杂乱堆集，硅质及钙质胶结，风化溶蚀后成网格状、骨架状，与区域对比应属中期。

晚期压扭性明显，挤压片理发育，片理产状为 40°∠76°。以上说明该断裂是一经历压—张—压扭性演化的复合断裂。

二、地　层

实习区的地层属于扬子地层区，主要发育的地层有古生界寒武系、奥陶系、志留系、泥盆系、石炭系、二叠系，中生界三叠系、侏罗系、白垩系，新生界古近系及第四系。

1. 古生界

寒武系　分布于章山、横山一带，仅见中上统（$\in_{2-3}$）。岩性主要为白云岩，白云质灰岩，夹多层砾屑白云岩，局部见叠层石，指示地层倒转，未见底。

奥陶系　分布于章山北坡，出露宽度较小。岩性以灰岩为主，顶部夹硅质页岩，与下伏寒武系为整合接触。由于植被覆盖严重，未再进一步划分。

志留系　主要分布大屋垅—汪仁镇—章山以北，肖家湾—157 高地—盛伯祥以南。发育下统高家边组（S_1g）和中统坟头组（S_2f），主要岩性为粉砂岩、粉砂质泥岩，顶部为长石石英砂岩，缺失上统，与下伏奥陶系为整合接触。

泥盆系　主要分布于汪仁水库—157 高地—冲天风一带，在章山南坡亦见出露，仅发育上统五通组（D_3w），岩性为石英砂岩，底部局部可见底砾岩，区域上与下伏志留系为平行不整合接触，局部可见断层接触。

石炭系　主要分布于汪仁水库北部—马鞍山南坡—冲天风北侧，出露狭窄。仅上统黄龙组（C_2h），岩性为灰岩、白云质灰岩，与下伏泥盆系为断层接触。

二叠系　分布于汪仁水库北侧—马鞍山北坡—盛伯祥以北，廖家湾—黄思湾隧道南出口—蒋家湾—黄家坳以南。地层序列发育较全，由下至上发育了船山组（P_1c）核形石灰岩，栖霞组（P_1q）沥青质灰岩，孤峰组（P_2g）硅质岩、硅质岩，龙潭组（P_2l）含煤岩系以及大隆组（P_3d）硅质岩等。

2. 中生界

三叠系　出露于铁山矿区和黄石的孤儿垴—杨五山一带。下部为大冶组（T_1d）灰岩，区域上一般进一步划分为 4 段；上部为嘉陵江组（T_1j）白云岩。铁山矿区未分出嘉陵江组，而是作为大冶组的第五段、第六段和第七段。

白垩系　仅在浠水县马垅镇有少量出露。岩性为紫红色、黄红色砂砾岩，局部夹玄武岩，为山间盆地沉积，往往与古近系不易区分。

3. 新生界

第四系　实习区内大面积分布。主要为冲积、湖积、湖冲积层及坡残积成因的砾石、砂粘土等。

三、岩浆岩与变质岩

实习区岩石以沉积岩为主，岩浆岩和变质岩出露面积相对较少。岩浆岩主要以中酸性侵入岩为主，与实习相关的有铁山岩体和阳新岩体，本书以铁山岩体为代表论述岩浆岩特征。变质岩除与断裂相关的动力变质岩外，主要以接触变质岩、气液变质岩（矽卡岩）为主，区域变质岩仅分布在实习区北部边缘襄广断裂（马垅段）以北，主要岩性为角闪岩、斜长角闪岩片和麻岩。

(一)岩浆岩

铁山岩体出露于大冶市铁山区西北约 12 km，为鄂东南地区著名的六大岩体之一(鄂城岩体、铁山岩体、金山店岩体、宁乡岩体、阳新岩体、殷祖岩体)(图 1－3)。岩体出露面积 94 km²，平面上呈不规则的椭圆状，长轴走向 NW290°。岩性以闪长岩为主，边缘可见闪长玢岩的冷凝边。岩体出露于黄家向斜北部(图 1－4)，随着与岩体的距离增加，围岩变质、变形逐渐减弱。同位素资料表明，铁山岩体的年龄值主要在 140～130Ma，属于燕山晚期侵入体。

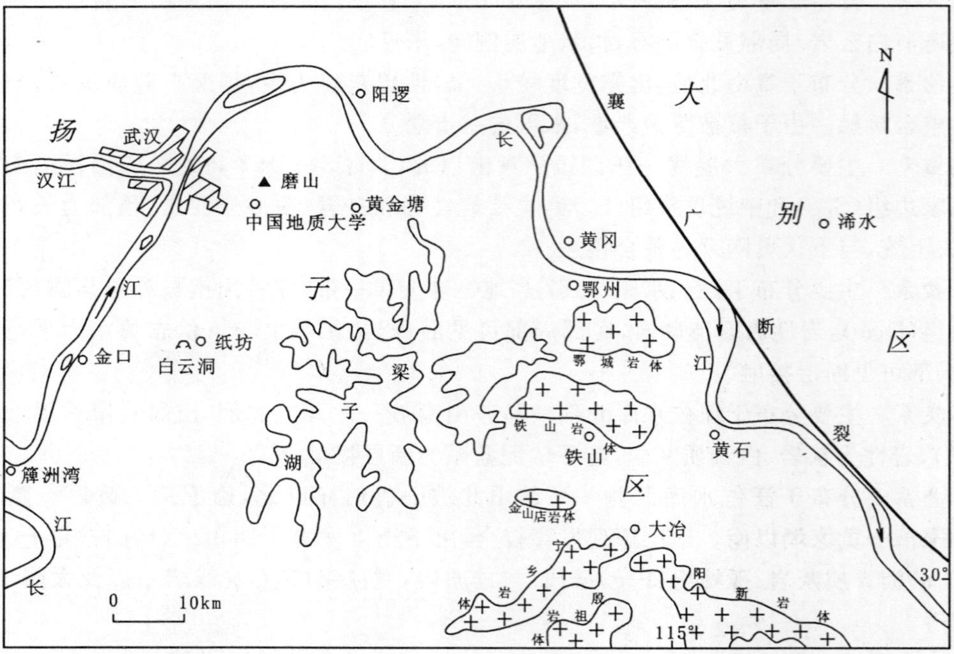

图 1－3　鄂东南六大岩体分布图

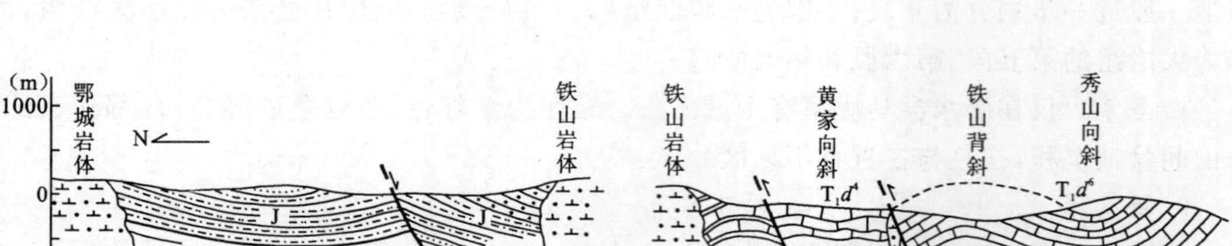

图 1－4　铁山两侧构造剖面图

1. 侵入岩

中细粒含石英闪长岩　为中细粒、灰色、全晶质半自形粒状或柱粒状结构，块状构造。矿物组成百分含量为：更长石 62.1%、钾长石 18.3%、石英 12.6%、角闪石 6.2%，副矿物 1%左右。

中粒黑云母透辉石闪长岩　岩石为暗灰色，呈半自形到它形不等粒粒状结构或柱粒状结

构，主要组成矿物为斜长石 65.2%、钾长石 7.5%、透辉石 17.3%、黑云母 7.4%、角闪石 0.9%，副矿物成分有磁铁矿、榍石、磷灰石、锆石等。

斑状含石英闪长岩 岩石为浅灰色微带肉红色的中粒似斑状结构，块状构造，主要由斜长石 66.1%、钾长石 17.2%、石英 8.3%，角闪石 7.2%，以及少量黑云母、透辉石及副矿物榍石、磁铁矿、锆石、磷灰石等组成。

正长闪长岩 该岩石为灰色带肉红色调的中粒半自形柱粒状结构，由斜长石 63.2%、钾长石 21%、角闪石 10.2%及少量石英 2.3%、透辉石 0.9%、黑云母 1.5%组成，副矿物与上述两种岩石相同。

2. 喷出岩

伊丁石玄武岩 见于黄石至浠水公路三家店附近，夹于白垩系砂岩层之中。岩石风化面呈褐红色，新鲜面灰色，斑状结构，气孔状构造。斑晶成分主要为斜长石、橄榄石等，橄榄石多已蚀变为伊丁石；基质为隐晶结构。岩石中气孔多为圆形或椭圆形，直径 5～20mm。

3. 脉岩

闪长玢岩 分布在尖山—狮子山东段中细粒含石英闪长岩中，横切矿体，走向 NW，SW 倾，宽 0.5～1.0m。具斑状结构，斑晶少见。主要矿物成分为斜长石、角闪石，少量石英。

辉绿岩 分布在龙洞、铁门坎北壁中细粒含石英闪长岩、黑云母透辉石闪长岩及正长闪长岩中，走向 NW，NE 倾。辉绿结构，局部可见杏仁(为方解石、铁白云石)构造。矿物成分主要为斜长石、辉石，少量黑云母、方解石。

云斜煌斑岩 分布在狮子山、象鼻山南壁大理岩中，在象鼻山见切割矿体，走向 NW，SW 倾。斑状结构，矿物成分为黑云母、斜长石及碱性长石。

(二)变质岩

实习区处于扬子板块与大别造山带毗邻部位，加之燕山晚期岩浆侵入作用，区内变质岩类型丰富，主要可见区域变质岩、接触变质岩、气-液变质岩和动力变质岩等类型。

1. 区域变质岩

区域变质岩系一般分布广泛，岩石类型复杂，由不同原岩建造，经受不同期次、不同类型的区域变质作用改造而成。实习区主要分布于马垄断裂以北的大别造山带内，岩性以角闪岩、斜长角闪岩和片麻岩为主。

角闪岩 绿黑色、黑色，中细粒变晶结构，块状构造。主要矿物成分为角闪石，含量大于 90%，斜长石含量小于 10%。

斜长角闪岩 深灰色，中粒变晶结构，片麻状构造或块状构造。主要矿物成分：角闪石，含量 60%～90%；斜长石，含量 30%左右；偶见石榴子石。

片麻岩 浅灰色至灰色，鳞片粒状变晶结构，片麻状构造。主要矿物成分：斜长石，含量 30%～70%；云母，含量 15%左右；角闪石，含量 5%～10%；石英，含量 10%～20%。

2. 气-液变质岩

气-液变质岩是具有一定化学活动性的气体和热液与固体岩石进行交代反应，使岩石的矿物和化学成分发生改变而形成的变质岩。气-水热液可以是侵入体带来的挥发分，或者是受热流影响而变热的地下循环水以及两者的混合物。在一定条件下，它们可改造岩石中的矿物，形成各种蚀变岩石，并使某些有用元素迁移、沉淀和富集。在气液变质强烈地段往往出现蚀变分带，有利于成矿，故可作为一种普查找矿标志。

实习区气-液变质岩以矽卡岩为代表，主要出现在中、酸性侵入体与碳酸盐岩的接触带上，在热接触变质作用的基础上和高温气化热液影响下，经交代作用所形成。矿物成分比较复杂，主要有石榴子石、透辉石、硅灰石、绿帘石等，有时出现黄铜矿、黄铁矿、方铅矿、闪锌矿等矿物。具不等粒粒状变晶结构，晶粒一般比较粗大，块状构造，颜色较深，常呈暗褐、暗绿等色，相对密度较大。由于围岩的不同(灰岩或白云岩)，矽卡岩可分为钙质矽卡岩和镁质矽卡岩两种类型。

钙质矽卡岩　即通称的矽卡岩，是中酸性侵入体与钙质碳酸盐岩(石灰岩、大理岩等)发生接触交代作用的产物，以富钙硅酸盐矿物为主要成分。最典型的矿物是钙铝榴石-钙铁榴石系列的石榴子石和透辉石-钙铁辉石系列的单斜辉石。除此之外，还可见到硅灰石、绿帘石、绿泥石等矿物。常含金属矿物如黄铁矿、磁铁矿、黄铜矿、方铅矿，它们有时富集成矿。

镁质矽卡岩　是由中酸性侵入体与白云岩发生接触交代变质作用而成。主要由镁橄榄石、透辉石、金云母、尖晶石、硅镁石等富镁(铝)硅酸盐矿物组成。还可出现硼镁石、硼镁铁矿等硼酸盐矿物。金云母、硼酸盐矿物等均可富集成矿。镁质矽卡岩通常按主要矿物命名，如金云母透辉石矽卡岩、尖晶石镁橄石矽卡岩等。

3. 接触变质岩

接触变质岩是由接触变质作用形成的岩石，它们分布在岩浆岩侵入体与围岩的接触带附近。在接触热变质作用中，温度是主要影响因素。与岩浆岩体靠近的围岩所达到的温度较高，离岩浆岩体愈远，温度愈低。因而从近到远常依次出现变质程度不同，具不同矿物共生组合的接触热变质岩(图 1-5)。实习区接触变质岩以角岩和大理岩最为发育。

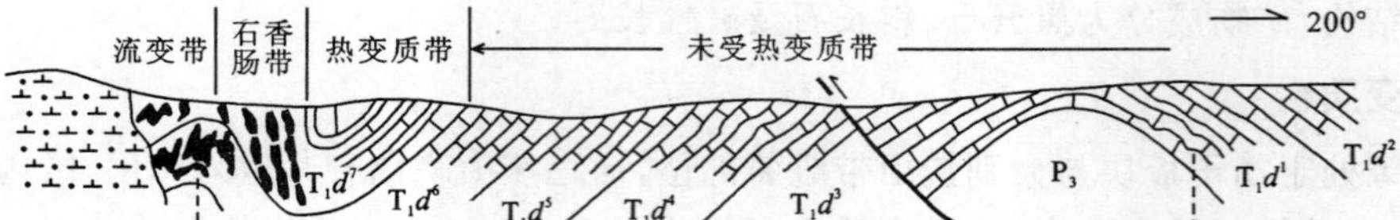

图 1-5　铁山岩体东南缘构造剖面

角岩　基质具角岩结构的斑状变晶结构，块状构造。岩石致密坚硬，光泽暗淡，常呈暗灰至黑色。除斑晶外，肉眼观察均为隐晶质，不能分辨矿物颗粒。变斑晶常为红柱石、堇青石、石榴子石等。

大理岩　是主要由方解石或白云石组成的岩石，具粒状变晶结构，块状或条带状构造。常见特征变质矿物有：透闪石、透辉石、橄榄石、金云母等。

4. *动力变质岩*

动力变质岩是原有各种岩石在应力作用下经受一定程度的脆性或塑性变形，发生不同程度的破裂、粉碎或滑移、重结晶作用所形成的岩石。有时由于某种原因机械能所转变的热及岩石中流体的影响，可伴有一定的化学变化而形成新矿物。动力变质岩主要见于断层带、剪切带，在野外常呈带状分状。因此动力变质岩亦被称为构造岩或断层岩。

按变形行为的不同，动力变质岩可划分为碎裂岩系及糜棱岩系两个系列。前者以脆性变形为主，破裂作用占主导地位，岩石结构以碎裂结构为主，基质以破裂作用形成的碎基为主；后者以塑性变形为主，晶内滑动、动态恢复及动态重结晶等作用占主导地位，岩石结构以糜棱结构为主，基质中动态重结晶颗粒逐渐增多。

糜棱岩　见于马垅断裂中，岩石具典型的糜棱结构。碎斑较少而且较小，多呈透镜状或眼球状，基质含量占一半以上，岩石的流动构造明显，不仅具纹层状透入性面理，而且常常发育明显的矿物线理。矿物中韧性变形特征明显，初糜棱岩中出现的显微构造在此亦能见及，并且更发育。

碎裂岩　主要见于实习区内一些脆性断层的破碎带中，岩石以脆性变形为主，其显著特点是无定向或具弱定向。岩石中裂隙发育，岩石被裂隙切割为大小不一的碎块，开始时，碎块位移不大，随着应变的加大，碎块间位移加大，粒度变细，碎块间碎基增多，碎块粒化加剧，逐渐被碎粒和碎粉所包围成残留碎斑状，以至最后岩石可全部变为碎粒或碎粉。

四、地质演化简史

中晚寒武世，实习区处于半封闭的海湾环境，气候炎热，蒸发量大，沉积了白云岩、白云质灰岩，晚期气候逐渐向温暖潮湿过渡，沉积物中白云质减少，灰质增加；早奥陶世早期，实习区海水缓慢上升，气候逐渐转为温暖潮湿，沉积了浅海相的灰岩、生物碎屑灰岩，发育有斜层理，底部夹有白云质条带；中、晚奥陶世，沉积环境无明显变化，沉积物以灰岩、泥灰岩为主。晚奥陶世晚期至早志留世，实习区发生海侵，海水加深，沉积了龙马溪组（五峰组）含笔石化石的凝缩沉积（沉积速率十分缓慢），岩石颜色多为黑色，反映沉积环境为静水滞留环境；中志留世，海平面相对下降，实习区形成了向上变浅的退积型沉积序列，沉积环境由陆棚逐渐向滨浅海转化；中志留世后期，扬子板块抬升为陆地，遭受风化剥蚀，缺失了晚志留世至中泥盆世的地质记录，形成由铁铝氧化物及氢氧化物组成的古风化壳，这是加里东运动在本区内的具体表现。

晚泥盆世，海水由南西向北东海侵，在黄绿色砂页岩之上沉积了底砾岩、石英砂岩夹白色粘土岩，产陆生植物化石，代表了潮湿气候下的滨海河湖相沉积。由于毗邻大别山边缘，岩层中偶见海相腕足类化石，说明当时沉积环境具海陆交互特点，此后发生海退。石炭纪，沉积了白云岩、白云质灰岩，反映沉积环境水体较浅，气候较干燥炎热。晚石炭世末至早二叠世初，区内又发生广泛海侵，不但出现大量海生动物化石如腕足类、珊瑚等，而且海水相对较深，形成了碳酸盐岩及硅质岩沉积；中二叠世末期，受东吴运动影响，扬子板块整体抬升，海水变浅，大部分地区遭受风化剥蚀，实习区内形成了龙潭组含煤的陆源碎屑沉积；晚二叠世开始发生海侵，晚二叠世末至早三叠世初，海侵规模达到最大，其后发生海退，海水逐渐退出。

中三叠世末，地壳发生了大规模构造运动（印支运动），扬子板块大部分转变为陆地，形成了河湖相沉积。印支运动不仅改变了实习区的沉积环境，而且使本区受到了近于 SN 方向的强烈挤压，使中志留统至中三叠统地层发生缩短而产生褶皱。褶皱轴向近 EW，并伴有走向近 EW 的纵断层及其他方向的横（斜）断层。至此，结束了本区海相沉积的历史，形成了现在的构造格局。

第二章　地质实习教学路线

路线一　实习区踏勘、罗盘使用及野簿记录方法

任务：

(1)介绍实习区地质概况及实习目的和任务。

(2)了解罗盘结构，学习罗盘的使用方法。

(3)复习岩层产状的概念，学习测量产状要素。

(4)认识地形图，学习地形图上定点方法。

(5)学习野簿记录方法。

要求：

(1)熟练地测量岩层产状，熟悉产状记录格式及在地形图上的标示方法。

(2)学会地形图定向，学习在地形图上标定观察点的方法。

(3)掌握野簿的基本记录格式及地质素描图的绘制方法。

内容：

1. 地质概况、实习目的和任务

地质概况　根据第一章“区域地质概况”，简要介绍实习区所处的大地构造位置以及出露的主要地层、岩浆岩和变质岩特征。

实习目的　巩固所学过的地质学基础知识，加深对地质学基础理论的理解。通过本次实习，一方面能使学员认识自然界中基本地质现象，另一方面能使学员初步掌握野外地质工作的基本方法。

实习任务　黄石地区地质认识实习设计路线 10 条，内容包括地层、岩石、构造和矿产等内容。实习中根据不同学时、不同专业需要选择其中 7 条地质路线，并完成实习报告编写。

2. 了解罗盘结构，学习罗盘的使用方法(详见第三章)

罗盘的结构　包括磁针、刻度盘、制动器、照准设备、圆水准仪、管水准器、测斜指示器及盘底手把等。

罗盘主要用途　测量方位、坡角和岩层产状要素。

3. 岩层产状及产状要素

不同成因的天然地质体(包括沉积岩层、层状火山岩、侵入岩及变质岩等)在三维空间中产出的方位和空间状态称为产状。产状要素用来表示面状、线状构造要素与水平参考面和地理

方位之间的关系。面状构造产状要素包括走向、倾向和倾角。

走向　倾斜平面与水平面的交线叫走向线，走向线两端延伸的方向即为该平面的走向。一条走向线两端的方位相差 180°。任何一个平面都有无数条相互平行的、不同高度的走向线。

倾向　倾斜平面上与走向线相垂直的线叫倾斜线，倾斜线在水平面上的投影所指的、沿平面向下倾斜的方位即为真倾向，简称为倾向。在平面上凡与该点走向线不直交的任一直线均为视倾斜线，其在水平面上投影线所指的倾斜方向，称为视倾向或假倾向。

倾角　平面上的倾斜线与其在水平面上的投影线之间的夹角即为倾角。视倾斜线和它在水平面上的投影线之间的夹角，叫视倾角或假倾角。从平面上任一点都可以引出许多条倾斜线，也就有许多视倾角，而这些视倾角都比该点的真倾角值小，即真倾角总大于视倾角。

4. 认识地形图，学习地形图定点方法

地形图　地形图是野外地质工作者的好向导，它指明了村庄、河流及交通情况，同时，地形图也是一切地质工作的基础。地质图通常是在地形图上编制出来的，野外分析地形图可以帮助我们粗略地了解某一地区岩层分布与构造情况。因为地壳是由各种岩石组成的，岩层的分布情况受构造控制，又由于岩石抗风化剥蚀能力不同，形成不同的地貌，因此，分析山形、水系的分布可以了解区内岩石和构造情况。

地形图使用方法　地形图定向。在使用地形图时，要确定地形图方向，只有把地形图上的地形和实地山形对应起来才能正确地读图。地形图定点。把观察的地质现象(如矿体、地层界线、构造现象等)表示在图上，以便以后查阅。常用的定点有 3 种方法：①利用地形地物定点；②利用地形地物，配合已知点方位、距离及高程定点；③后方 3 点交汇法定点。

5. 野簿记录方法

野外记录是珍贵的基础资料，是地质工作一切认识和成果的基础，也是国家的保密资料，因此必须认真对待。要求地质记录要准确、清楚、系统，并且是现场记录。记录须用 2H 铅笔记录，不得简单、潦草、杂乱及用钢笔等记录。野簿左页是方格纸，用来绘制素描图或剖面图，图件要整洁美观，要有图名、比例尺、方向、图例。右页的横格用于文字记录。最上面要写明日期、地点、天气等。记录内容包括路线名称及编号、任务、观察点号、观察点的位置(点位)、GPS、露头条件及性质(简称露头)、点的意义及性质(简称点义或点性)、观察描述内容(简称内容)、点间记录和路线小结等。

6. 地质素描图的绘制方法

地质素描(如图 2-7，左)，目的在于阐明某些地质问题，不仅要描绘单一的地质现象，而且要把某些地质实体的空间变化及相互关系表现出来，并要尽可能给人以立体感、真实感。尽管数码相机的普及，使地质素描的立体感和真实性不再重要，但地质素描能突出重要的地质现象，是相片不能替代的。

地质素描绘制过程包括地形轮廓勾绘、比例尺选择、素描图方向、绘制地质现象以及标绘图例等。

地质素描往往离不开地形的形态描绘，而地形形态本身就是地质作用过程的反映，因此，地质素描内容很重要的一部分就是地形形态的素描。对地形几何形状作大致的分析和比较，控制比例，抓住地形形体的基本特点，准确地描绘地形变化轮廓。

根据素描内容，按适当比例，选择相应的线条或花纹绘制出地质现象特点，断层、节理、地层等面状构造要标注产状，岩性特征用花纹或相应注释标示或说明。素描要标注观察面方向。室内要对素描图进行整饰和上墨。

路线二　观察章山洞—盛伯祥寒武系－石炭系(∈－C)地层

任务：

(1)观察寒武系—二叠系地层的岩性特征。

(2)学习使用地形图及图上定点方法。

(3)简单了解地质图的填绘方法。

要求：

(1)掌握沉积岩的描述方法。

(2)学习绘制随手剖面。

进程：

No. 01

点位：汪仁镇汪家湾村南

露头：天然，良好

点义：断层点，地层界线点

内容：

点南：上泥盆统五通组(D_3w)，灰白色中粒石英砂岩。风化面灰色、褐灰色，新鲜面灰白色；中粒砂状结构，厚层构造。由于处于断层破碎带附近，岩石呈较大块体，且硅化严重，产状无法测量。

点北：中上寒武统($\in_{2-3}$)，浅灰色至灰色中—厚层白云岩、白云质灰岩，风化面上刀砍纹发育。岩石中多层夹砾屑白云岩，砾屑多呈长条状、不规则状，局部可见倒“小”字构造和叠瓦构造(图 2－1，左)，汪家湾采石场见渠模构造(口袋状构造)(图 2－1，右)，具典型风暴沉积特征，反映当时沉积环境水体较浅。此外，白云岩中偶见叠层石构造，弧面向下，反映地层倒转。

二者为断层接触，主要特征：二者间地貌上为负地形；中间缺失地层；五通组岩石破碎，硅化明显；见构造透镜体。

点间描述：

由此点北行 0～500m，岩性为中厚层—厚层白云岩、白云质灰岩，厚 500～800m，植被发育，多被第四系覆盖。

叠层石(图 2－2)是前寒武纪未变质的碳酸盐沉积中最常见的一种“准化石”，是原核生物所建造的有机沉积结构。由于蓝藻等低等微生物的生命活动所引起的周期性矿物沉淀、沉积物的捕获和胶结作用，从而形成了叠层状的生物沉积构造。叠层石的基本构造单位叫基本层，一般为弧形或锥形。基本层构成集合体呈柱状、锥状、棒槌状等形态，有的呈墙状。中—新元

图 2-1　汪家湾中上寒武统风暴沉积

左-砾屑叠瓦状构造；右-渠模构造

古代(18 亿年前到 5.4 亿年前)是地史上叠层石最繁盛的时期，其分布广泛、形态多样。后生动物出现(5.4 亿年前)以后叠层石骤然衰落。古生代寒武纪至泥盆纪，叠层石数量和分布范围有限，但仍不难见到。泥盆纪以后叠层石只是残存了。现代海相叠层石只分布在澳大利亚、中美洲、中东等地的少数地区的特殊环境中。通常叠层石产出于灰岩和白云岩中，有些叠层石发育在燧石、磷酸盐岩(胶磷矿)中，由磁铁矿和赤铁矿构成的叠层石以及锰叠层石也颇为常见。叠层石是由若干基本层构成的。基本层上下相互叠合或套合形成柱体，柱体的不断增长及分叉构成叠层石体(colony)。许多叠层石体聚生在一起构成叠层石礁。现代叠层石主要生长于潮间带，生活于水下，但可露出水面。水体可以是正常海水，亦可以是咸化或淡化泻湖。叠层石的生长需要以下条件：①蓝藻藻丛的生长发育；②有一定数量的细小沉积颗粒供蓝藻的胶鞘粘附；③水底的底流不太强烈，水底物质的点位相对稳定；④叠层石增长速度大于它的剥蚀速度；⑤叠层石在生长过程中应迅速得到固结，否则就会垮塌，不能具备形态学特征。

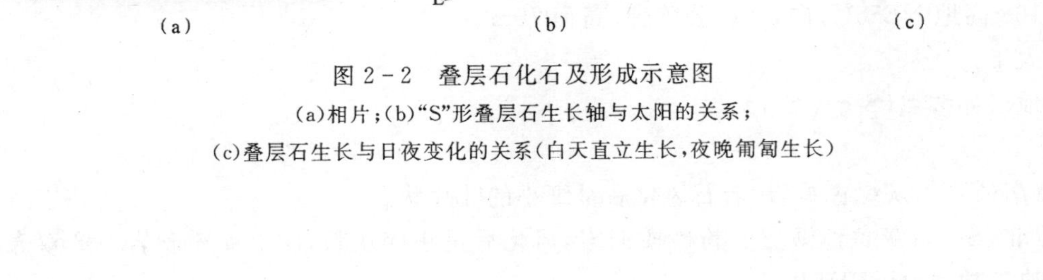

图 2-2　叠层石化石及形成示意图

(a)相片；(b)"S"形叠层石生长轴与太阳的关系；

(c)叠层石生长与日夜变化的关系(白天直立生长，夜晚匍匐生长)

No. 02

点位:90 高地 S180°方向,103 高地 SW225°方向,高程 70m

露头:天然,良好

点义:地层界线点

内容:

点南:中上寒武统($\in_{2-3}$)浅灰色至灰色巨厚层、厚层白云岩,局部夹硅质条带和燧石、铁锰质团块,顶部夹灰岩透镜体。风化面灰黑色,表面刀砍纹发育,滴 5%的稀盐酸在其上,不起泡或弱气泡。总体反映干旱气候条件下的半封闭海湾环境。

点北:奥陶系(O)下部灰色、浅灰色厚层—巨厚层粒屑灰岩,夹白云质条带、白云质团块。粒屑灰岩中可见生物碎屑、砂屑、砾屑等,生物化石丰富,主要有腕足、角石、珊瑚等。常见斜层理,反映地层倒转。岩层南倾,倾角较大,近于直立。

二者产状一致,成分渐变,为整合接触。

点间描述:由此点北东 0~200m,岩性为中—厚层灰岩,厚 200~500m,被第四系覆盖。

No. 03

点位:90 高地 SE150°方向,103 高地 SW220°方向,高程 60m

露头:天然,较差,仅在小水渠壁见岩石出露

点义:地层界线点(O \ S_1g)

内容:

点南(O):黑色硅质页岩,转石中见瘤状灰岩、粒屑灰岩。

点北(S_1g):灰绿色、灰黄色页岩,夹薄层粉砂岩。产笔石化石,沉积环境具有还原滞流特点。

二者为整合接触。

点间描述:

由此点北行 0~1000 m,岩性变化不大,以页岩、粉砂岩为主。

No. 04

点位:108 高地 NE55°方向,乡村公路旁,高程 70m

露头:人工,一般

点义:地层界线点(S_1g \ S_2f)

内容:

点南(S_1g):灰绿色页岩,岩石风化后呈细小的叶片状。

点北(S_2f):灰黄色薄层含粉砂质泥岩,风化后呈小碎块状,向上夹粉砂岩。产双壳类化石,反映正常浅海沉积环境。

点间描述:

由此点北行 0～150m 为含粉砂质泥岩夹粉砂岩；150～300m 为黄绿色页岩夹多层紫红色泥岩；300～500m 为黄绿色薄层粉砂岩夹杂色中厚层细粒长石石英砂岩。

No. 05

点位：盛伯祥村南水塘东南乡村公路旁，高程 85m

露头：人工，较好

点义：地层界线点(S_2f\D_3w)

内容：

点南(S_2f)：黄绿色薄层粉砂岩夹杂色中厚层细粒长石石英砂岩。

点北(D_3w)：灰白色厚层石英砂岩，底部夹石英砾石。产鱼化石，为近海河湖相沉积。

二者为平行不整合接触。主要特点是上下地层产状基本一致，二者间缺失 S_3—D_{1-2} 地层，五通组底部发育底砾岩。

点间描述：

由此点北行 0～150m，零星出露灰白色石英砂岩；厚 150～200m，植被发育，被第四系覆盖。

No. 06

点位：233 高 SW265°方向，136 高地 SE155°方向，高程 100m

露头：天然，较差

点义：断层点

内容：

点南：植被发育，被第四系覆盖。

点北(C_2h)：浅灰色、灰色厚层—巨厚层粒屑灰岩与浅灰色厚层状灰质白云岩互层。粒屑灰岩中生物化石丰富，主要有䗴、珊瑚、腕足等，粒屑主要为生物碎屑和鲕粒；灰质白云岩中有藻纹层，发育鸟眼构造等。反映为潮下带、潮间带、潮上带交替变化的沉积环境。

此点处五通组(D_3w)和黄龙组(C_2h)为断层接触。主要特点是：两套地层接触处缺失 C_2h 下部的灰白色、浅灰色厚层—巨厚层状含燧石团块白云岩；上、下两套地层产状不一致，上缓下陡，断层面产状 0°∠60°，切割地层；地貌上为负地形。

* * 在观察记录过程中，应绘制随手剖面(图 2-3)，方法如下：

(1)在地形图上定点，确定随手剖面各点的高程。

(2)确定图名、比例尺及前进方向(剖面方向)。

(3)根据前进方向上测量的坡度、斜距作自然地形剖面，表现出地形的真实变化。

(4)分层、测量产状、采集标本。

(5)根据产状，在自然剖面上画出地层分界线，标注层号、产状、样品编号及采集位置。

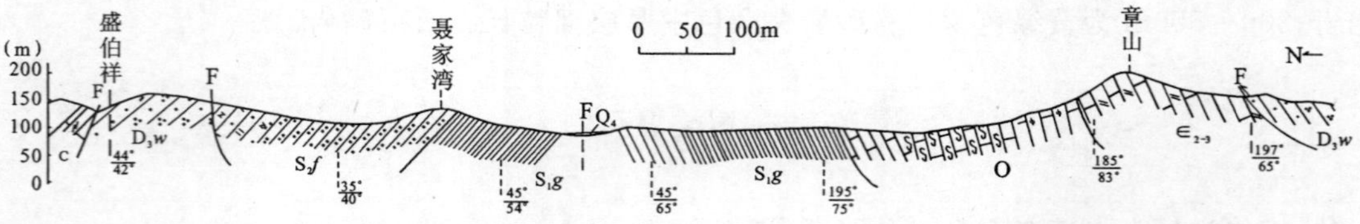

图 2-3　章山—盛伯祥中上寒武统($\in_{2-3}$)—石炭系(C)随手剖面

路线三　参观矿山博物馆、黄石国家矿山公园

任务：

(1)参观矿山博物馆，了解铁山矿山开采历史。

(2)参观黄石国家矿山公园，参观矿山机械，了解矿山露天开采方法。

(3)认识铁山铜铁矿的主要矿石矿物和脉石矿物。

要求：

(1)爱护公共财物，不破坏公共环境卫生。

(2)了解大冶铁矿开采历史，接受爱国主义教育。

(3)能认识常见的铁矿和铜矿的矿石矿物。

内容：

铁山矿床位于黄石市西 25km，矿床全长约 5km，宽约 500m，面积约 2.5km^2，水陆交通十分方便，以盛产铁矿石而得名。清末，湖广总督张之洞在这里建设了当时规模为东亚之冠的我国第一座大型露天铁矿——大冶铁矿，铁山遂成为我国近代钢铁工业的摇篮。这里曾是毛主席生前视察过的唯一一座铁矿山。

矿床位于铁山背斜的北翼，矿体产于燕山期铁山岩体与三叠系下统大冶组灰岩、白云质灰岩的接触带中，接触带宽 50～70m，蚀变种类繁多，与成矿关系密切的是钙、镁质透辉石矽卡岩化，矿床成因类型属矽卡岩型铁(铜)矿床。矿区有 6 个矿体，矿体呈似层状、透镜状，倾向一般为 NE，倾角 30°～50°。单个矿体走向长 360～870m，倾斜延深 20～550m，厚度 10～180m，自西往东依次为铁门坎、龙洞、尖林山、象鼻山、狮子山、尖山矿体。除尖林山为隐伏矿体外，其余均露出地表。

大冶铁矿博物馆　位于铁山区张之洞广场旁，占地面积 6400m^2。2004 年 9 月开始设计施工，2006 年建成，是中国第一座陈列矿山历史的博物馆。博物馆共设矿物陈列、古代开采、近代开采、伟人视察等八大系列，共陈列实物 483 件、图片 635 幅及 10 余万字文字资料，浓缩了自 1780 年以来，特别是近 100 年来矿山的创业史和发展史。在地质矿床室共陈列大冶铁矿矿床发掘的各类矿石、岩石标本和化石 237 件，具有十分重要的地质矿床科研和教学价值；在党和国家领导人与冶矿陈列室，用珍贵的图片资料和实物，再现了毛泽东、董必武、叶剑英、彭

德怀等党和国家领导人到大冶铁矿视察的情景；在近代开采陈列室，完整、全面地展出了亚洲最大最早钢铁联合企业——汉冶萍矿冶公司历史照片及图表和实物，浓缩了中国近代“洋务运动”和钢铁工业曲折的发展史；在日本对冶矿资源掠夺的陈列室，用详实的历史资料和实物，反映和见证了日本对大冶铁矿的侵略和掠夺，是对青少年进行爱国主义教育的基地。

黄石国家矿山公园 位于湖北省黄石市铁山区境内，占地 23.2km^2（图 2-4）。著名的汉冶萍矿冶公司的“冶”即指大冶铁矿，历经百年开采，大冶铁矿东露天采场形成了落差 444m 的世界第一高陡边坡。2010 年黄石国家矿山公园被评为国家 AAAA 级景区。公园分设大冶铁矿主园区和铜绿山古矿遗址区。近年来，大冶铁矿全力推进“日出东方、矿冶峡谷、矿业博览、井下探幽、天坑飞索、石海绿洲、灵山古刹、雉山烟雨、九龙洞天”等九大景观建设。

图 2-4 黄石国家矿山公园大门

矿冶峡谷 为黄石国家矿山公园核心景观，形如一只硕大的倒葫芦，东西长 2200m，南北宽 550m，最大落差 444m，坑口面积达 108 万 m^2，被誉为“亚洲第一天坑”（图 2-5），展现了亚洲第一人工矿冶大峡谷及大冶式矿床等。“矿冶峡谷”四周新建了一条长 1800m、逶迤 5 个水平面的栈道，其中数段从巨石中开凿。站在栈道上，可“极目采坑舒”。

井下探幽 为 712 级台阶直通地心，游人可零距离观看现代采矿工艺流程，体验采矿工人劳作，感受百米井下隆隆炮声，并可进入“矿冶峡谷”底部，仰望大峡谷。

九龙洞天 为尖林山地下天然溶洞，与采矿巷道相连。洞内四季恒温，暗河涌动，最大洞厅可容纳数百人同时跳舞。

天坑飞索 西起尖山，东至狮子山，斜跨长度 446m，落差 48m，是目前华中地区

图 2-5 亚洲第一天坑——东露天采坑

跨度最长的一条索道。该索道与天坑美景结合起来，共同构成了一幅优美而壮观的画卷。

矿山机械 伟步克矿用自卸车[图 2－6(a)]，产自美国。车身长 8.5m，宽 4.5m，载重量 50t。1985 年进入大冶铁矿东露天采场，是运输矿岩的重要工具。20 世纪末，随着露天采场的萎缩，伟步克矿用自卸车逐步退出矿山生产。WK－4 型挖掘机(电铲)[图 2－6(b)]，是履带式单斗正铲挖掘机，是我国露天矿山重要采掘设备之一，它与 20t、32t 自卸卡车或 60t 铁路自翻车配套使用，可以装备矿石年产量 500 万 t 左右的中型矿山。大冶铁矿 1955 年从苏联引进 14 台。

(a)

(b)

图 2－6 矿山机械

(a)伟步克矿用自卸车；(b)WK－4 型挖掘机

路线四 观察马垅区域变质岩、岩浆岩、沉积岩及襄广断裂

任务：

(1)观察区域变质岩岩性特征。

(2)观察白垩系－古近系岩性特征及分析其沉积环境。

(3)观察花岗岩、玄武岩岩性特征。

(4)观察马垅断裂(襄广断裂马垅段)特点。

要求：

(1)认识沉积岩、岩浆岩和变质岩，掌握岩石特征的描述方法。

(2)观察马垅断层特征，掌握描述断层方法。

进程：

No. 07

点位:浠水县马垅镇白杨山采石场

露天:人工,良好

点义:岩性观察点

内容:

角闪岩　绿黑色,粒状变晶结构,粒径 0.5mm 左右,块状构造。主要矿物成分以角闪石为主,含量大于 90%,斜长石含量小于 10%。

斜长角闪岩　深灰色,粒状变晶结构,粒径 0.5～2mm,片麻状构造。主要成分:角闪石约 80%;斜长石约 15%;少量石榴子石。

片麻岩　浅灰色—灰色,鳞片粒状变晶结构,片麻状构造。主要矿物成分:斜长石,40%～70%;云母类矿物 10%～30%;角闪石 5%～10%;石英 10%～20%。

No. 08

点位:浠水县新马垅镇加油站

露头:人工,良好

点义:构造点

内容:

马垅断裂(襄樊-广济断裂马垅段)　在浠水新马垅镇加油站,观察襄樊—广济断裂(马垅段)构造变形特点。在观察点发育有变形强度不同的糜棱岩。在水平露头面上发育弱 S－C 组构,显示了剪切方向。向 NE 方向变形逐渐减弱,由糜棱岩为主体逐渐过渡为糜棱岩化岩石,再过渡为正常变质岩。

襄樊-广济断裂带沿马垅镇穿过,断裂以南为扬子北缘中新生带盆地,以北为大别造山带。断裂主要标志为发育糜棱岩。糜棱岩是强烈破碎塑变作用所形成的变质岩,往往分布在断裂带两侧,由于压剪性应力的作用,使岩石发生错动、研磨粉碎,并由于强烈的塑性变形,使细小的碎粒处在塑性流变状态下而呈定向排列。糜棱岩的粒度细小,但一般比较均匀,外貌致密、坚硬,需借助显微镜才能分辨颗粒轮廓。有时在断面上可见凸镜状定向排列的碎斑。糜棱岩常由花岗质岩石和砂岩类岩石形成,所以主要矿物成分是石英和长石,并常被压扁、拉长,石英碎粒还可出现平行光轴的波状消光带。在磨碎的基质中有时残留有稍大的石英、长石单个晶粒(或碎屑),或由两者集合构成的“眼球状体”。眼球体中同样可见波状消光和解理双晶纹的弯曲。糜棱岩常具有糜棱结构,条带状或纹层状构造。条带和纹层的形成系由矿物成分、颜色、颗粒大小等差别造成的。糜棱岩也常见一些新生矿物,如绿泥石、绢云母、多硅白云母、绿帘石、滑石、蛇纹石等。这些矿物常作定向排列,致使条带构造更趋明显。

No. 09

点位：马垅镇北山采石场

露头：人工，良好

点义：岩性观察点

内容：

灰红色中粗粒结构黑云母花岗岩。主要矿物为钾长石、石英、黑云母、斜长石，矿物颗粒定向性不明显，面理和线理不发育。在花岗岩中可见到众多暗色包体，定向性不明显。可见糜棱岩与花岗岩两者界限截然，冷凝边不发育。从花岗岩结构、构造和包体形态显示，岩体在侵入过程中没有受到同构造变形，具有晚造山—造山后花岗岩特点。

No. 10

点位：浠水县散花镇

露头：人工，良好

点义：岩性观察点(K_2—E)

内容：

紫红色砾岩、含砾砂岩、砂岩、粉砂岩互层。砾岩中常发于平行层理，砂岩中常见斜层理。从下到上可见多个沉积旋回，每个旋回下部为砾岩、含砾砂岩等粗粒物质，上部为砂岩、粉砂岩等细粒物质，组成正韵律，每个沉积旋回底部常见冲刷面。砾岩中砾石成分主要为变质岩，说明物源区来自北面大别区；砾石分选较差，磨圆一般，砾石多为次圆状、次棱角状，反映搬运距离不远，部分砾石扁平面呈叠瓦状排列。总体沉积特征具有辫状河沉积环境特征。

No. 11

点位：石牛山，公路旁

露头：人工，良好

点义：岩性观察点

内容：

灰红色伊丁石玄武岩。风化面褐红色，新鲜面灰红色，斑状结构，巨厚层状构造。斑晶成分主要为斜长石、橄榄石等，橄榄石多已蚀变为伊丁石；基质为隐晶质结构，气孔构造，气孔呈圆形—椭圆形，直径 5～20mm。玄武岩呈巨厚层状，分布于 K_2—E 地层中。

玄武岩是一种基性喷出岩，其化学成分与辉长岩相似，SiO_2 含量变化于 45％～52％之间，K_2O+Na_2O 含量较侵入岩略高，CaO、Fe_2O_3+FeO、MgO 含量较侵入岩略低。矿物成分主要由基性长石和辉石组成，次要矿物有橄榄石、角闪石及黑云母等；岩石均为暗色，一般为黑色，有时呈灰绿以及暗紫色等；呈斑状结构，常见气孔构造和杏仁构造，有时可见渣状构造、绳状构造和柱状节理构造，在海底和水下喷发的玄武岩，常具有特殊的枕状构造。玄武岩一般以熔岩方式产出，多形成大面积熔岩流、熔岩被、熔岩台地或盾形火山锥。

路线五　观察麻雀脑石香肠、象鼻山岩浆岩、变质岩

任务：

(1)参观大型露天采矿场。

(2)认识岩浆岩、大理岩、矽卡岩、铜铁矿石及褐铁矿石。

(3)观察石香肠构造。

(4)观察闪长岩体与围岩(T_1d)接触关系，画素描图并照相。

要求：

(1)大型露天采矿场边坡陡峻，矿车往来频繁，注意安全。

(2)认识常见的接触变质岩，掌握其描述方法。

(3)认识铁山矿床常见的矿石矿物及脉石矿物。

进程：

No. 12

点位：象鼻山铁矿采坑

露头：人工，良好

点义：接触关系观察点

内容：

点北西：深灰色中细粒含石英闪长岩。风化面灰色，新鲜面深灰色；中细粒结构，块状构造。主要矿物成分：斜长石，含量约65%；钾长石，含量约10%；石英，含量约15%；暗色矿物以辉石和黑云母为主，少量角闪石，含量约10%。

点南西：灰白色条带状大理岩(T_1d)。

风化面褐色、灰褐色，新鲜面灰白色；粒状变晶结构，条带状构造。主要成分为方解石，含量约80%；其次为白云石，含量约20%。岩石矽卡岩化明显。

闪长岩与大理岩二者呈侵入接触(图2-7)，特征如下：①内接触带侵入岩粒度较细，边部有10cm冷凝边(闪长玢岩)。②外接触带石灰岩、白云质灰岩受热接触变质作用形成大理岩、条带状大理岩。与灰岩相比，矿物明显重结晶，颗粒粗大，褪色后呈白色，受岩体侵入挤压形成褶皱。③接触带呈波状起伏，大致倾向岩体，局部互相穿插，似岩脉状贯入围岩，切割围岩。

观察矿石矿物和脉石矿物：

黄铜矿　在矿石中呈分散浸染状、星点状产出，具铜黄色，有时有蓝褐色。

黄铁矿　在矿石中出现较多，晶体常呈立方体或五角十二面体，颗粒大小不一，说明黄铁矿具有不同的世代。多呈浅铜黄色，也有黄褐色。在矿石中注意黄铜矿与黄铁矿的区别。黄铜矿一般不具晶形，铜黄色(更像黄金的颜色)，硬度较小，小刀可以刻划；黄铁矿均有完好的晶形，且颗粒一般较大，大者可达1cm或更大，浅黄铜色，硬度较大，小刀不能刻划。

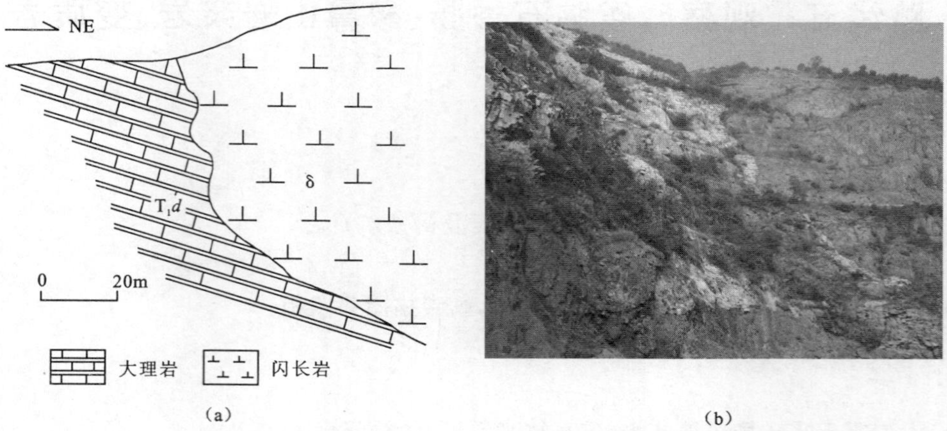

图 2－7　象鼻山闪长岩与三叠系大冶组(T_1d)接触关系

(a)素描;(b)相片

磁赤铁矿　除片状镜铁矿外,在矿石中很难用肉眼鉴别,常呈致密块状,与磁铁矿相似,呈钢灰色至铁黑色,条痕呈樱红色,可与磁铁矿区别。

磁铁矿　致密块状,比重大,具强磁性,能使罗盘指针任意摆动。

菱铁矿　硬度低,风化后呈褐色,加盐酸起泡。

石榴子石　晶体常呈粒状或菱形十二面体,多为致密块状集合体;棕色或黄褐色,贝壳状断口,油脂光泽,硬度大。

透辉石　浅灰色、灰绿色,粒状或致密块状结合体,可见解理。

金云母　灰绿色,片状,常呈团状出现。薄片具有弹性,可区别于绿泥石。

绿帘石　黄绿色,粒状,有时出现较大晶体,具有完全解理,可区别于橄榄石。

方解石　白色或无色透明,粒状,硬度小于小刀,加 5%HCl 溶液剧烈起泡。

铁白云石　白色,有时为鲜艳蓝色,粒状,菱面体完全解理。硬度小于小刀,加 5%HCl 溶液缓慢起小泡。

透石膏　无色透明,板状,呈团块状产出,极完全解理,薄片具挠性,硬度小于指甲。

蛇纹石　黑绿色,致密块状,油脂或蜡状光泽。

萤石　蓝绿色,硬度小于小刀,但加 5%HCl 溶液不起泡,多组解理,可区别于碳酸盐矿物。

No. 13

点位:麻雀脑

露头:人工,良好

点义:构造观察点

内容:

灰白色、灰黄色中厚层含角岩条带大理岩。地层产状(S_0):280°∠50°。

大理岩和角岩的原岩为泥质条带灰岩(T_1d),经接触热变质作用,泥质条带形成致密坚硬的角岩,灰岩形成大理岩。由于两种岩性能干性不同,受到垂直或近垂直层面方向挤压应力作用,较软弱的大理岩发生塑性流动,其间所夹强硬薄层角岩发生脆性破裂并移动,形成形态各异的长条状断块,即石香肠(图 2-8)。常见有矩形、菱形、不规则状角岩断块(香肠体)。

图 2-8　铁山麻雀脑石香肠构造相片

(a)二维特征;(b)三维特征

观察石香肠构造要描述香肠体剖面形态(藕节状、矩形、菱形、复合型等),测量石香肠构造要素(图 2-9),并利用矩形断裂石香肠进行岩石有限应变测量(计算线应变系数)。

石香肠构造也称为布丁构造,它是在不同性质的岩石相间成层,互相之间具有明显韧性差的条件下,受到垂直岩层挤压而形成的一种构造,形似香肠,故称为石香肠。

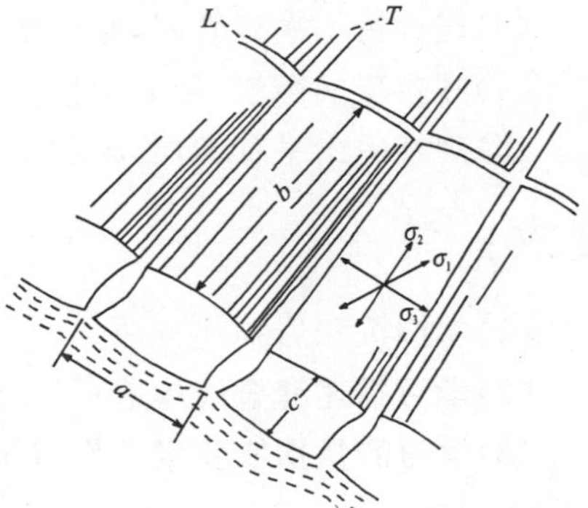

图 2-9　石香肠构造要素

a. 宽度;*b*. 长度;*c*. 厚度;*L*. 纵间隔;*T*. 横间隔

No. 14

点位:尖山露天采矿场南缘

露头:人工,良好

点义:参观大冶铁矿

内容:

介绍大冶铁矿概况。大冶铁矿铁山位于武汉市东南约 60km,大冶市西约 12km,是我国长江中下游铜铁矿重要产地,开采历史悠久。早在公元 3 世纪就开始开采,解放前探明铁矿石储量 3000 万 t,张之洞开办的汉冶萍矿冶公司在此开采过矿石,日本帝国主义也进行过掠夺性的开采。解放后探明矿石储量 1.5 亿 t,同时探明铜矿 62 万 t,成为武汉钢铁公司的铁矿石基地,年开采量 500 万 t,目前已进入开采尾期,开采深至地面以下 400 多米。

大冶铁矿主要为矽卡岩型矿床,还可能有矿浆灌入型和热液型。与矿化有关的侵入岩为燕山期中酸性杂岩体。有黑云母透辉石闪长岩、粗斑或细斑含石英闪长玢岩。成矿围岩为下三叠统大冶组中上部石灰岩、白云岩，岩体与围岩接触带有大理岩、透辉石矽卡岩、金云母透辉石矽卡岩。矿体产在接触带上，矿区有6个矿体，分为东、西两个采区，自西向东有铁门坎、龙垌、尖林山、象鼻山、狮子山、尖山矿体。矿体呈似层状、透镜状，也有呈囊状产出。矿石以致密块状为主，还有条带状和浸染状。矿石矿物有磁铁矿、磁赤铁矿、菱铁矿、黄铜矿、斑铜矿及辉铜矿。脉石矿物有金云母、方解石、铁白云石、透辉石、石榴子石、方柱石、绿帘石、蛇纹石、透闪石、石膏和玉髓等。其中黄铁矿含金。表生矿物有褐铁矿、孔雀石和蓝铜矿等。

矿石类型有磁铁矿石、赤铁矿石和混合矿石3种。矿石矿物以磁铁矿、黄铜矿为主，次为赤铁矿。金主要以包裹金、裂隙金的形式赋存于黄铁矿、黄铜矿中。

矿石平均含全铁52.13%、铜0.57%、硫2.68%、钴0.024%、磷0.04%，伴生金品位0.3～0.7g/t。矿石可选性好，经弱磁—强磁分选后，可获得铁精矿品位62.79%，回收率84.02%。

路线六　观察秀山褶皱、断层

任务：

(1)观察下三叠统大冶组岩性特征。

(2)观察缝合线构造，绘制素描图并照相。

(3)观察秀山次级背斜，测量褶皱要素，绘制素描图并照相。

(4)观察层间褶皱，绘制素描图、照相，并分析成因。

(5)观察秀山平移断层，绘制平面示意图并照相。

要求：

(1)掌握沉积岩描述方法。

(2)学习描述缝合线构造，了解缝合线构造在应力分析中的作用。

(3)学习测量褶皱要素及作褶皱构造的素描图方法。

进程：

No. 15

点位：陆雁鸿村山边民房后

露头：天然，良好

点义：褶皱构造观察点

内容：

(1)灰色薄层灰岩(T_1d^4)。

(2)观察露头上形态各异的小型层间褶皱(箱状、圆弧、尖棱、挠曲)(图2-10)，测量褶皱的要素(两翼产状、枢纽产状和轴面产状)，画素描图(照相)；分析总结层间褶皱的形态特征及空间展布规律。

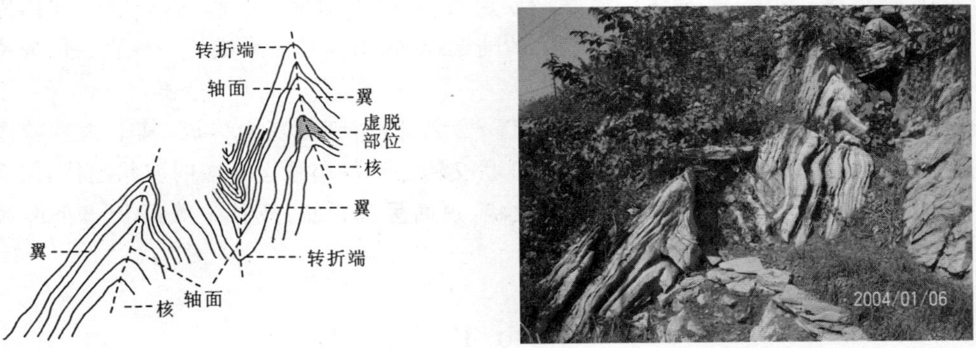

(a)　(b)

图 2-10　大冶组中的层间褶皱

(a)素描;(b)相片

No. 16

点位:秀山南东坡

露头:天然,良好

点义:构造观察点

内容:

灰色、深灰色泥质条带灰岩(T_1d^3)　风化面浅灰色、浅褐灰色,新鲜面灰色、深灰色;微晶结构,条带状构造。主要成分为微晶方解石,含量80%左右。岩石中夹泥质条带,泥质条带风化后呈灰黄色,厚几毫米至1cm。局部发育少量垂直或近垂直层面的生物钻孔构造。

点处见一斜歪背斜,地表出露宽度约30m。转折端呈圆弧形,发育轴面劈理,受后期地表降水影响,发育成较宽的溶沟;两翼产状不等,南西翼倾角较陡,北东翼倾角较缓。

区域上秀山为一向斜,观察点所见的小型褶皱属于秀山向斜的次级背斜。

点西约50m(山顶)为灰色、浅灰色薄层灰岩(T_1d^4),发育不同类型小型层间褶皱,并见丘状交错层理(图2-11)。

(a)　(b)

图 2-11　具丘状交错层理的灰岩

(a)相片;(b)素描

丘状交错层理　由一些较大的宽缓波状层系组成，外形上像隆起的圆丘状，向四周缓倾斜，是在正常的浪基面以下风暴浪基面之上的陆棚地区，由风暴浪形成的一种重要的原生沉积构造。

点处丘状交错层理发育于大冶组四段（T_1d^4）底部，由细晶灰岩构成，其下为具粒序层理的含砾屑颗粒灰岩，其上为薄层泥晶灰岩。丘状交错层理的层系呈平缓的波状起伏，层系相互交切，夹角约 5°；纹层作缓起伏的发散和收敛状，顶面呈圆丘状；波长中等，50～80cm，波高较小，5～10cm。

No. 17

点位：秀山北坡采石场

露头：人工，良好

点义：断层观察点

内容：

观察秀山北坡采石场陡壁上发育的断层，观察断层角砾岩、擦痕以及断层两侧的脉岩，测量两盘岩层产状及断层面产状，分析断层的性质。

No. 18

点位：秀山北坡采石场，小路旁

露头：人工，良好

点义：缝合线构造观察点

内容：

观察缝合线构造形态特征及类型；观察缝合线与层理的关系；分析缝合线构造的成因。

(1)点处发育的地层为大冶组第 4 段（T_1d^4）浅灰色中厚层灰岩。

(2)缝合线内发育残留的泥质和铁质物。

(3)可见缝合线类型主要有锯齿状、浪花状、城墙状、马牙状，还可见锯齿-锯齿复合型和锯齿-城墙复合型(图 2－12)。

(4)根据缝合线与层理的关系，可以分为顺层缝合线和切层缝合线。

缝合线常见于石灰岩、大理岩中，石英岩中也可见到。在岩石剖面上呈锯齿状曲线，状如动物头盖骨中的接合缝，在平面上是起伏不平的面。通常与岩层面大致平行，也可斜交或垂直。缝合线主要由围岩、缝合面和缝合膜三要素组成。围岩是缝合线两侧的岩石，缝合面是围岩的溶解面，即缝合膜与围岩相结合的两个同向凹凸复杂曲面，缝合膜是围岩间夹一层与围岩的成分、结构和颜色不同的薄膜状岩石。

缝合线的成因一般认为是在上覆岩层静压力下，岩石受到沿其各种缝隙、粒间空隙进入的地下水的不均匀溶解，并相互挤压形成。由于方解石、白云石、菱铁矿分别与含 CO_2 的水进行反应，以方解石需要的平衡温度和平衡压力最小，因此当石灰岩处于某一地温时，含量最多的方解石在较小的压力下就可以溶解，而含微量的白云石、菱铁矿不能溶解，便同其他不溶性物质一起残留聚集在溶解面上，经压实而成缝合膜，形成缝合线。

(a)

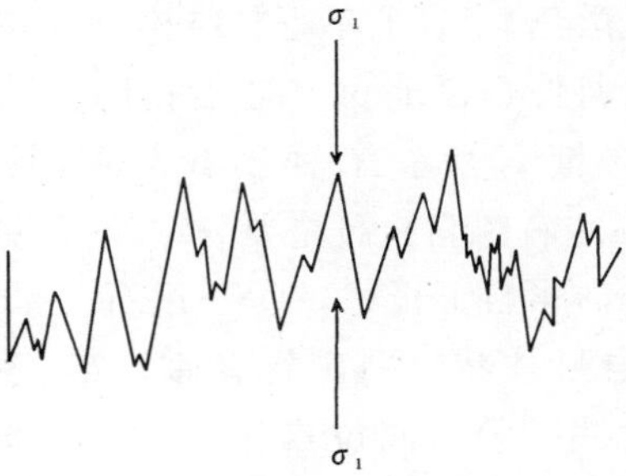

(b)

图 2-12　秀山采石场缝合线构造(顺层发育)
(a)垂直层面方向形态(相片);(b)缝合线锥与主应力轴的关系

路线七　观察铜绿山岩浆岩、变质岩参观现代矿山及古铜矿遗址

任务:

(1)观察阳新岩体岩性特征。
(2)观察接触变质岩岩性特征。
(3)观察铜铁金矿床中主要矿石矿物和脉石矿物。
(4)参观现代矿山及古铜矿遗址。

要求:

(1)岩浆岩、变质岩岩性描述并采集标本。
(2)观察侵入岩与围岩的解除关系,区别钙质矽卡岩和镁质矽卡岩。
(3)认识铜铁金矿床中主要矿石矿物和脉石矿物。
(4)参观现代矿山及古铜矿遗址,了解战国时期探矿和采矿方法、采矿工具、冶炼技术、文化背景。通过参观活动,树立爱国主义信念。

进程:

No. 19

点位:铜绿山铜铁金矿床Ⅰ号采坑(图 2-13)
露头:人工,良好
点义:岩性观察点

内容:

石英正长闪长岩　风化面浅灰色,新鲜面深灰色、灰黑色,半自形不等粒结构,块状构造。主要矿物成分:斜长石含量65%左右;钾长石含量15%左右;石英含量10%左右;角闪石含量7%左右;黑云母含量3%左右。斜长石主要为中长石、更长石,粒径1～2.5mm,半自形板状,钾长石、石英呈它形粒状,角闪石呈自形柱状。副矿物有磁铁矿、磷灰石、榍石、锆石、黄铁矿等。同位素年龄158—150Ma,属于燕山早期。

图2-13　铜绿山现代采坑

石英正长闪长玢岩　风化面灰色,新鲜面深灰色、灰黑色;斑状结构,块状构造。主要矿物成分:斜长石含量60%～65%;钾长石含量10%～15%;石英含量10%～15%;角闪石含量5%左右;黑云母含量2%左右。斑晶主要为斜长石,粒径0.3mm,钾长石斑晶往往粒径粗大,一般1～9mm,角闪石斑晶含量少,呈纤维状。基质具显微花岗结构。同位素年龄150—143Ma,属于燕山早期。

闪长岩呈岩株产出,是阳新岩体的一部分,位于阳新岩体北西端。阳新岩体平面上呈NW向长条状,面积190km^2,呈岩基产出,主要由燕山早期3次岩浆侵入活动产物组成。第一期侵入产物为角闪石英闪长岩;第二期为石英正长闪长岩;第三期为石英正长闪长玢岩。

No. 20

点位:铜绿山古铜矿遗址,矿石林

露头:人工

点义:矿物观察点

内容:

(1)矿物观察。

*矿石矿物:*黄铜矿、磁铁矿、孔雀石、铜蓝、褐铁矿、黄铁矿。

*脉石矿物:*金云母、硅灰石、透辉石、石榴子石、方解石、白云石、石英。

(2)观察、描述矽卡岩。

钙质矽卡岩　是中酸性侵入体与钙质碳酸盐岩(石灰岩、大理岩等)发生接触交代作用的产物,主要由富钙硅酸盐矿物组成。最典型的矿物是钙铝榴石-钙铁榴石系列的石榴子石和透辉石-钙铁辉石系列的单斜辉石。除此之外,还可见到硅灰石、绿帘石、绿泥石等矿物。常含金属矿物如黄铁矿、磁铁矿、黄铜矿、方铅矿,它们有时富集成矿。如:金云母硅灰石矽卡岩,灰色-绿灰色,纤状或纤状鳞片粒状变晶结构,放射状构造或块状构造,主要矿物为金云母、硅灰石,另有少量石榴子石、绿帘石、透辉石等。

镁质矽卡岩　是由中酸性侵入体与白云岩发生接触交代变质作用而成。主要由镁橄榄石、透辉石、金云母、尖晶石、硅镁石等富镁(铝)硅酸盐矿物组成,还可出现硼镁石、硼镁铁矿等硼酸盐矿物。金云母、硼酸盐矿物等均可富集成矿。镁质矽卡岩通常按主要矿物命名,如金云

母透辉石矽卡岩、尖晶石镁橄石矽卡岩等。

* * 几种矿物描述：

透辉石　单斜晶系，晶体呈柱状，横切面近于正方形；通常呈粒状、放射状集合体。浅绿或浅灰色，玻璃光泽，硬度 5～6，柱面解理中等，密度 3.3～3.4g/cm^3。透辉石是一种常见的接触交代变质矿物，为组成矽卡岩的主要矿物。

硅灰石　三斜晶系，晶体通常呈片状、纤维状或放射状集合体。白色或带浅灰、红色，玻璃光泽或丝绢光泽，硬度 4.5～5，两组解理，一组完全，一组中等，密度 2.78～2.91g/cm^3，是一种常见的接触交代变质矿物。

金云母　单斜晶系，晶体呈假六方片状，片状集合体。黄褐色或绿色，玻璃光泽，硬度 2.5～3，片状解理，极完全，薄片具弹性，密度 2.70～2.85g/cm^3。主要是接触交代变质矿物，常见于白云岩与侵入体的接触带上。

No. 21

点位：铜绿山古铜矿遗址

露头：人工，良好

点义：参观古铜矿遗址

内容：

铜绿山古铜矿遗址（图 2-14）发现于 1973 年，是建国以来的重大考古发现之一，现已列为全国重点文物保护单位。遗址分布范围约 2km^2，地表遗存的古代炼渣在 40 万 t 以上。

经考古发掘，清理出西周至汉代千余年间不同结构、不同支护方法的竖井、斜井、盲井共百座，平巷百余条，以及一批春秋早期的炼铜竖炉。随同出土的还有大量用于采矿、选矿和冶炼的铜、铁、竹、木、石制生产工具。它是我国迄今发现的规模最大、生产时间最长、保存最为完好的一处古铜矿遗址。

图 2-14　铜绿山古铜矿遗址

采用浅井探矿和利用淘砂盘进行重砂测量是古代开发铜绿山矿区的重要探矿方法。考古发掘证实，古矿井大都处在含铜品位高的氧化富集带内，证实上述探矿方法的实用效能。

采用木支护结构井巷进行地下开采，是铜绿山矿区古代开采技术的显著特点。其开采深度一般在 30～40m，有的深达 60m，已低于当地潜水位 23m。此外，在采矿方法、矿井提升、通风、排水以及工具的制作等方面也有不少创造。

采、冶结合是铜绿山古铜矿的又一特点。春秋早期即已采用鼓风竖炉炼铜。遗址内遗存的古代炼渣均呈薄片状，冶炼温度控制在 1200℃左右，渣样分析表明，渣型合理，渣含铜大多低于 0.7%，粗铜纯度已达 94%，表明铜绿山古代冶炼技术已达到较高水平。

古铜矿遗址的发现和发掘，初步回答了我国青铜时代是怎样开采和冶炼这一重要历史课题，为研究我国矿冶技术发展史提供了一批珍贵的实物资料。它有力地说明，我国古代采冶技术有一套独立发展的体系。

通过参观古铜矿遗址，我们感到，中华民族具有悠久的文化历史，中华民族是勤劳勇敢的民族，在采矿和冶炼技术等许多方面，我们的祖先走在世界的前面。在科学技术高速发展的今天，我们在许多方面已经落后。因此，我们应树立爱国主义信念，努力学习，争取早日把我国建设成为社会主义现代化强国。

路线八　观察盛伯祥—杨五山二叠系—三叠系(P—T)

任务：

(1)观察二叠系—三叠系岩性特征。

(2)观察黄荆山向斜，作构造剖面。

要求：

(1)复习沉积岩描述方法。

(2)绘制黄荆山向斜信手剖面图。

进程：

No. 22

点位：136 高地 SE143°，乡村公路旁，高程 100m

露头：天然，良好

点义：地层界线点(C_2ch \ P_1q)

内容：

点南(C_2ch)：浅灰色厚层核形石灰岩。

点北(P_1q)：深灰色—灰黑色厚层含沥青质生物碎屑灰岩，局部为瘤状灰岩，生物化石特别丰富，主要有䗴类、珊瑚、腕足等，为正常浅海沉积。

二者为整合接触。

点间描述：

由此点往北 0～80m 为栖霞组(P_1q)下部深灰色—灰黑色厚层状含沥青质生物灰岩，局部为瘤状灰岩；80～100m 为栖霞组(P_1q)中部深灰色—灰黑色厚层状含碎石团块灰岩；100～200m 为栖霞组(P_1q)上部深灰色—灰黑色厚层状含沥青质生物灰岩、瘤状灰岩；200～300m 为孤峰组(P_2g)下部浅灰色厚层状含燧石团块生物碎屑灰岩，生物化石丰富，主要有䗴类、珊瑚、腕足等，反映正常浅海沉积环境；300～500m 为孤峰组(P_2g)上部灰黑色薄层硅质岩，反映较深浅海沉积环境。

No. 23

点位：黄家坳与柳家湾山脊鞍部，高程 110m

露头：天然，一般

点义：地层界线点（P_2g \ P_3l）

内容：

点南（P_2g）：灰黑色薄层硅质岩。

点北（P_3l）：深灰色、灰黄色泥岩、细粒砂岩，灰黑色炭质泥岩夹煤层，产腕足、双壳、植物化石。反映海陆交互相沉积环境。

区域上二者为平行不整合接触，点处由于植被发育，未见直接接触关系。

点间描述：

由此点北行 0～40m 为龙潭组（P_3l）下部深灰色、灰黄色泥岩、细粒砂岩，灰黑色炭质泥岩夹煤层；40～80m 为龙潭组（P_3l）上部深灰色、灰黑色厚层状含燧石团块生物碎屑灰岩，反映正常浅海沉积环境；80～150m 为大隆组（P_3d）灰黑色薄层硅质岩、硅质泥岩，黑色泥岩等，反映较深浅海沉积环境。

No. 24

点位：136 高地 NE70°方向，145 高地 NW290°方向，高程 155m

露头：天然，良好

点义：地层界线点（P_3d\ T_1d^1）

内容：

点南（P_3d）：灰黑色薄层硅质岩、硅质泥岩、黑色泥岩。

点北（T_1d^1）：浅灰色、灰黄色薄层泥灰岩夹页岩，产菊石化石，反映较深浅海沉积环境。

二者为整合接触。

点间描述：

由该点北行，0～60m 为大冶组一段（T_1d^1）下部浅灰色、灰黄色薄层泥灰岩夹页岩；60～100m 为大冶组一段（T_1d^1）中部灰色中厚层—厚层状灰岩、竹叶状灰岩与灰黄色薄层状泥质灰岩互层；100～200m 为大冶组一段（T_1d^1）上部灰黄色薄层状泥质灰岩。

No. 25

点位：136 高地 NE50°方向，145 高地 NW340°方向，高程 220m

露头：天然，良好

点义：地层界线点（T_1d^1\ T_1d^2）

内容：

点南（T_1d^1）：灰黄色薄层状泥质灰岩。

点北（T_1d^2）：灰色中厚层—厚层灰岩，反映正常浅海沉积环境。

点间描述：

由该点北行 0～50m 为大冶组二段（T_1d^2）灰色中厚层一厚层灰岩；50～120m 为大冶组三段（T_1d^3）灰色、深灰色薄层泥质条带灰岩、泥质灰岩；120～200m 为大冶组四段（T_1d^4）薄层灰岩，发育层间褶皱。200～500m 灰色、深灰色中厚层灰岩、白云质灰岩；500～1200m 岩石出露不好，局部可见岩溶角砾岩。

No. 26

点位:228 高地南约 50m,高程 230m

露头:天然,良好

点义:岩溶角砾岩观察点(T_1j)

内容:

岩溶角砾岩 紫红色,岩溶角砾结构,块状构造。角砾主要为白云岩、白云质灰岩,多呈次圆状、浑圆状,大小不等;胶结物为紫红色粉砂质和泥质,常见水平纹层。

粉砂岩、粉砂质泥岩(溶积) 灰黄色、紫红色,粉砂质结构,呈槽状沿水平方向向西延伸,为古溶洞内陆源碎屑沉积,反映当时气候潮湿炎热。溶洞一般发育在潜水面附近,其现在高程约 230m,比现代潜水面高出 210m,反映古溶洞形成后本地经历了强烈的地壳上升运动。

路线九 孤儿垴南坡三叠系大冶组第一、第二段(T_1d^{1-2})实测剖面

任务:

(1)实测孤儿垴南坡大冶组第一、第二段(T_1d^{1-2})地层剖面。

(2)掌握实测剖面的操作技术和登记表格记录方法。

要求:

(1)掌握野外实测剖面测制方法与步骤。

(2)准备实测剖面用品(如测绳、罗盘、记录表格等),明确人员分工。

注意事项:

(1)导线方向与地层走向垂直或与地层倾向保持尽可能小的夹角。

(2)每一导线的长度应视地形坡度不同而不同,终点应在地形转折处,前、后测手能通视,保证同一导线坡角相同。

(3)实测数据应相互校对,保证真实准确。

(4)根据地层出露情况,导线可沿相同层面平移,注明平移的方向和距离。

(5)不在剖面线上测量的岩层产状,应顺岩层走向延伸至导线上。

(6)实测进程中应适当转换操作,互帮互学,有条不紊,齐头并进。

(7)至剖面终点,全面检查收集资料是否齐全,由老师验收合格后返回基地。

(8)详细方法见第三章。

* * 参考分层(各层厚度根据实测数据计算得出):

大冶组第三段(T_1d^3):

19. 灰黄色中厚层泥质条带灰岩

大冶组第二段(T_1d^2)：

18.灰黄色中厚层—厚层泥质条带灰岩

17.灰色中厚层灰岩

16.深灰色砾屑灰岩(竹叶状灰岩)

15.灰色薄层—中厚层灰岩

14.深灰色薄层泥灰岩与中厚层灰岩互层

13.灰色、深灰色厚层灰岩、薄层泥灰岩(层间褶皱)

12.灰色薄层泥灰岩，顶部为少量中厚层灰岩

11.灰色薄层泥灰岩与中厚层灰岩互层

大冶组第一段(T_1d^1)：

10.灰色薄层灰岩夹中厚层灰岩

9.黄灰色页岩

8.灰黄色页岩与薄层泥灰岩互层

7.灰黄色页岩

6.深灰色厚层砾屑灰岩

5.灰黄色页岩夹薄层泥灰岩

4.灰黄色薄层页岩与泥灰岩互层

3.灰黄色泥灰岩夹页岩

2.灰黄色页岩夹薄层泥灰岩

1.灰黄色中厚层泥灰岩

大隆组(P_3d)：

0.灰黑色薄层硅质岩

路线十　西塞山河流地质作用及旅游地质路线

任务：

(1)观察长江水流、侵蚀及沉积特点。

(2)观察西塞山岩溶现象。

(3)欣赏西塞山风光。

要求：

(1)了解曲流河侵蚀和沉积特点。

(2)由于地形险峻，注意安全。

(3)爱护公共财物，不损坏景区设施。

内容：

1.长江简介

长江，古称江、丽江、丽水。因它横贯我国中部东西，流程长，到六朝后才通称为长江。长江是我国最长的河流，仅次于南美的亚马逊河和非洲的尼罗河，居世界第3位。

长江发源于青藏高原唐古拉山主峰——各拉丹冬雪山西南侧的沱沱河，全长约 6300km。湖北省境内枝江—城陵矶（岳阳北）段称荆江，江苏扬州以下称扬子江。源头至宜昌南津关为上游，长约 4400km；中游至江西湖口，长约 1000km；下游至入海口，长约 840km。上游落差大，水流湍急，发育有瀑布，下蚀作用强烈。中游下蚀弱，监利以下均在侵蚀基准面以下，不再有下蚀作用，但侧蚀作用加强，河流弯曲，如荆江河段直线仅长 87km，河道却长 249km。

长江流域面积 180 万 km^2，流经 14 省 2 直辖市，水流量近 1 万亿 m^3，相当黄河的 20 倍，占全国河流入海量的 42%。年输沙量 5 亿 t，仅为黄河的 1/4。支流 700 多条，总航程 70 000 km。流域内湖泊众多，仅湖北省境内有大小湖泊 1063 个，仅次于西藏。解放前，长江流域常泛滥成灾，1931 年仅汉口被淹没达 3 个月之久，夺去了 3 万余人的生命。解放后，修筑堤防 3 万多千米，水电站 2 万多座，水库 5.5 万多个。葛洲坝工程、三峡大坝的修建，使防洪排涝能力不断加强。

心滩 顺直河床环流状况在平水期和洪水期差别大，平水期河床中央，主流线流速小，表流向主流集中，含沙量小的下降水流对河心基底发生侵蚀作用，沿基底带到河床两岸形成浅滩。洪水期河水上涨，中央主流线流速大，表流流向两岸，两岸受侵蚀，侵蚀物在河床底部堆积而成心滩，心滩平行于河岸分布。心滩平水期受侵蚀，仅洪水期动能大，使心滩保存下来。常常是上游侵蚀下游沉积的成沙嘴，当与河漫滩相连时，也可以成为河漫滩的一部分。西塞山景区未见心滩，在其上游黄石长江大桥之上可见毕家洲（心滩）。

河漫滩 河漫滩是平水期露出水面洪水期河水溢出河床淹没部分。该段长江弯曲，江水形成单向环流，江南岸为凹岸，明显受侧向侵蚀，基岩出露。北岸为凸岸，侧向侵蚀的产物从凹岸带到凸岸沉积，形成边滩。洪水期，河水溢出河床，在宽几倍的谷底上流动，由于水流断面加大而导致流速减小，被洪水携带的大量碎屑物逐渐沉积在边滩之上，即覆盖在原河床相冲积层之上，形成河漫滩相冲积层。沉积物主要为细砂—粉砂—粘土，具水平层理或平缓的波状层理，从剖面上看，一般具有二元结构的特点。

2. 岩溶现象

岩溶指可溶性岩石，特别是碳酸盐类岩石（如石灰岩、石膏等），受含有二氧化碳的流水溶蚀，并加以沉积作用而形成的地貌。往往呈奇特形状，有洞穴、石芽、石沟、石林、溶洞、地下河等，也有峭壁。溶洞的形成是石灰岩地区地下水长期溶蚀的结果。石灰岩的主要成分是碳酸钙（$CaCO_3$），在有水和二氧化碳时发生化学反应生成碳酸氢钙[$Ca(HCO_3)_2$]，后者可溶于水，于是形成空洞并逐步扩大，慢慢形成溶洞。

西塞桃花古洞就属于溶洞。位于山北侧临江的陡壁间，洞高约 3m，上圆下方，形如庙门，入内 2m 处被钟乳石封闭，传说是唐代诗人张志和隐居钓鱼时休息或躲风避雨的地方。洞门刻有“桃花古洞”4 个字。1985 年，去古洞必经之险道“一线峡”被拓宽，并安装了 90m 长的铁链护栏，以保障游客安全，洞下是古钓鱼台。

3. 西塞山风景区

西塞山风景区（图 2－15、图 2－16）位于黄石市城区东部长江南岸，规划总面积 0.495km^2，区内以西塞山险峻秀丽的自然景观和纷呈的胜迹为实物主体，以道仕洑、古黄石城多经沧桑的变迁史和年代久远的古诗词为重要文化内涵集合而成。旅游资源非常丰富，景点众多。

西塞山又名道仕洑矶、矶头山，海拔 176.5m，周长 18.5km，历史上就以其“吴头楚尾”的

图 2－15　黄石市西塞山远观

图 2－16　西塞山古炮台和北望亭

地理位置和险峻的地形集古战场和风景名胜于一身。从东汉末年到新中国成立前，发生在西塞山的战争达100多次，文人雅士观赏西塞山晨曦暮色，述志言情而吟诗填词近百篇，并在悬崖陡壁上留下不少摩崖石刻。黄石市园林部门从1985年5月起，在西塞山着手进行游览小道、长廊、上观亭、桃花亭、沿江铁链护栏和桃花古洞、古钓鱼台的维修建设，景点不断得到开发利用。

摩崖石刻　山体东北悬崖之中，曾有不少石刻，如“飞来船”、“鳌鱼石”、“虎豹关”、“蛟龙窟”、“云林得意”、“震标仟仞”以及“钟崖”、“佛掌”等，有些已随岁月褪去。在西塞山临江面的一块4m多高的碑石上，刻有每字$1m^2$的“西塞山”3个大字，为明朝进士朱其昌手书。由此东移则有明进士吴国伦的“龙蟠虎踞”摩崖石刻。在桃花洞两侧石壁众多石刻中，当代书法家楚图南写的“西塞山”3个大字，镌刻在洞左侧江崖壁上，每字见方5m，甚为壮观(图2－17)。

图 2－17　西塞山摩崖石刻

龙窟寺　在西塞山东边山下，是唐代遗址。1986年已部分修复。相传寺内曾栽有一棵明朝留下来的牡丹花，该地一贾姓人家丫头逆主人之意，助一穷秀才赴京赶考后屈死，功成名就后的秀才寻恩到此，丫头魂魄借牡丹花以表清白，使牡丹花洁白芳香、艳色迷人。二战期间该花被日本人抢走。

北望亭(图2－18)　仿古建筑，位于西塞山北峰山巅，此处可俯视江涛奔腾东去，江北散花洲和策湖碧绿万顷。亭正门“北望亭”3个字为樊稼生题写。亭北面有一副对联，上联：骋怀今古千秋事；下联：放眼乾坤万里心。南面亦有对联，上联：形胜在吴头楚尾；下联：风流于古往今来。该亭于1998年4月16日开工建设，同年10月28日竣工，总建筑面积为$167m^2$，亭高9.647m。

西塞山牌楼(图2－19)　仿古建筑，位于西塞山西面山腰，1986年6月动工兴建，1988年

12 月竣工，总投资 12.3 万元。牌楼上“西塞山”3 个大字由中国书法协会主席舒同题写。全长 1.7km 的西塞山专用公路从牌楼下穿门盘山而上，直达山顶。

图 2-18　西塞山北望亭

图 2-19　黄石市西塞山牌楼

道仕洑　道仕洑在西塞山脚下东侧，这里在历史上先后设置过京都、西陵县、土复镇、楚雄镇、道仕洑镇和黄石城等。在汉、晋、隋、唐、宋、元、明、清时期，这里曾是政治、经济、文化繁华的中心城镇。公元 1935 年 8 月中秋夜，日寇海、陆、空三军猛攻西塞险隘，使道仕洑这个千年古镇变成了一片废墟，古镇雄貌现已踪影全无。

古诗词　历代名士共 40 余人，留下吟颂西塞山的诗词。如六朝的江淹、何逊，唐朝的张志和、刘禹锡、李白，宋朝的苏轼、陆游，明朝的吴国伦、王世贞，清朝的宋湘、詹应甲以及现代的董纯才等。

“指点吴魏争雄处，万军一日蛟龙吞。至今西塞山头色，犹是当年战血痕”(张居正)，“戏招西塞山前月，来听东林寺里钟”(陆游)，“西塞山前白鹭飞，桃花流水鳜鱼肥”(张志和)，“千寻铁锁无人问，石壁空存道者形”(王周)等，都是脍炙人口的名篇。

古战场　由于西塞山崖陡水急，易守难攻，并由绵延起伏的黄荆山作依托，成为扼守长江中游的战略要地。历史上在此出战事 100 多次。如公元 199 年(建安四年)冬，孙策为报杀父之仇和向西扩张的需要，发兵攻黄祖，在西塞山激战获胜，再攻夏口亦胜。整个战役俘虏黄祖妻息男女 7 人，缴获船 6000 余艘，财物堆积如山。孙策死后，黄祖又经常侵扰西塞山，孙权也 3 次征伐黄祖，使西塞山狼烟不断。吴人设置“铁锁横江”重点把守。公元 279 年冬，晋举倾国之兵分道伐吴，晋将军王睿、唐彬浮江东下，激战西塞山后东下建业，“受皓之降”，三国分立局面终告结束。

第三章　野外地质工作基本方法

一、罗盘结构及使用方法

(一)罗盘的结构

磁针和制动器(图 3-1)　磁针分北针和南针,南针上绕有铜线,因为我国地处北半球,北极对指北针有更大的吸引力,只有南针绕铜线后,罗盘水平时磁针才平衡并可自由转动。不使用罗盘时,将控制器关上,磁针被托起而固定,避免钢针尖端磨损而造成测量误差。

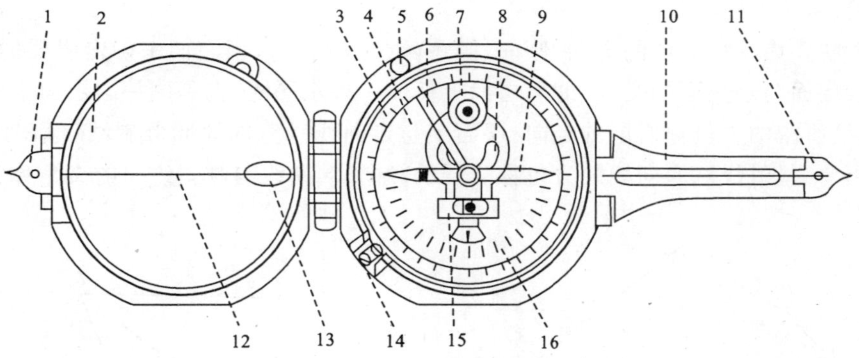

图 3-1　罗盘结构示意图

1. 小瞄准器;2. 反光镜;3. 圆刻度盘;4. 方向盘;5. 制动螺丝;6. 拔杆;7. 圆水准器;8. 测斜器;9. 磁针;10. 长瞄准器;11. 短瞄准器;12. 中线;13. 椭圆孔;14. 磁偏角校正螺丝;15. 管水准器;16. 半圆刻度盘

度盘和方位刻度盘　度盘 0°～90°,用于测斜度;方位刻度盘 0°～360°,东西相反,即反时针刻度,以便直接读取方位角,并刻有英文缩写字 N、E、W。罗盘旁边附有校正螺丝,转动时可以校正磁偏角(磁偏角是指地理子午线与地磁子午线的夹角)。实习区磁偏角为西偏 1.8°左右,使盘内正北线对准 358°即可。

照准设备　在 0°～180°方向上有一对大小折叠式觇标,与盖盘内反光镜配合使用,测量方向及坡角。

圆水准器、管水准器、测斜指示器及盘底手把　前者使罗盘水平,后三者用于测量倾角或坡角。转动手把能使管水准器与测斜指示器同时转动,气泡居中读数。

(二)罗盘的使用方法

1. 方位测量

包括两个含义:一是指目的物在测量者的什么方位(目的物的方位是未知数);二是指测量者在目的物的什么方位(测量者所站的地方的方位是未知数)。

测量方位方法：左手平托罗盘，手臂紧靠身体，两脚站立平稳，右手打开罗盘，罗盘盖靠在胸前，打开制动器，气泡居中，移动身体，使反光镜中线、长觇标中线及目的物三点呈一直线，磁针稳定读数，测量目的物方位读北针所指的方位刻度数，测量者在某已知目的物的方位读南针所指的方位刻度数。记录时包括方位刻度数及所在象限的名称，象限读数记录时均将 N 和 S 放在前面，如 NE、SW 等。

2. 坡角测量

将长觇标顶住盖盘，左手将罗盘平卧托起，利用长觇标中线缝、反光镜小孔中线及坡上(或坡下)与眼睛等高的目的物三点呈一直线，然后右手转动盘底手把，在反光镜中观看管气泡居中时读数，仰角为正数，俯角为负数。

3. 岩层产状测量

层理是沉积岩的最重要特征之一，是原生的层状构造，是组成岩层的物质成分、结构、颜色等变化的分界面。层面是物质来源突变或短暂沉积间断形成的，其特征是顶底面平行或大致平行，延伸较远，垂直层面上下物质成分、结构、颜色、构造变化大。识别层理时应远观与近视相结合。近观时特别注意砾岩中砾石长轴定向排列及石英砂岩中交错层理。教学时应与节理面反复比较。

岩层产状要素是指岩层的走向、倾向、倾角(图 3-2，左)，用它们来确定岩层的空间状态。走向线是岩层面与水平面的交线，即岩层面上任何一条水平线，也是同一岩层面上等高两点的连线，走向线所指的方位称岩层的走向；层面上与走向线垂直的线叫倾斜线，倾斜线在水平面的投影叫倾向线(射线)，倾向线的方位称岩层的倾向；倾向线与倾斜线间的夹角称为倾角。

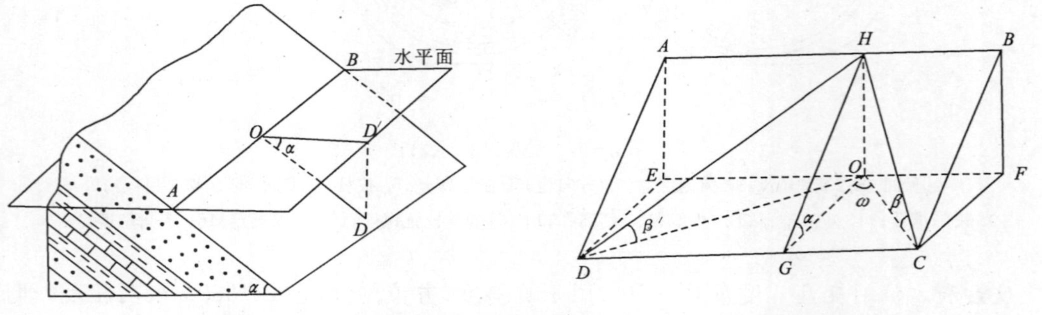

图 3-2　倾斜平面的产状要素图示(左)和真倾角与视倾角的关系(右)图示

α 为真倾角；β、β' 为视倾角；ω 为真倾向与视倾向之间的夹角

测量岩层产状时首先要判断是不是露头，是不是层面。然后区别不同情况测量。

层面平直时，测量走向，将罗盘 0°～180°(S—N)方向平行的一边的边棱与层面紧贴，圆气泡居中，这时罗盘与层面交线就是走向线，磁针所指度数为该岩层的走向。走向有两个方向，相差 180°，所以测岩层走向用罗盘北针或南针读数均可。测量倾向时，将罗盘的北(N)指向岩层的倾斜方向，将罗盘 90°～270°(E—W)方向平行的边棱和走向线重合，然后使罗盘水平，北针所指的度数就是岩层的倾向。测量倾角时，将罗盘 S—N 方向平行的一边侧放在层面上，与走向线垂直，转动测斜指示器的手把，使管气泡居中，测斜指示器所指的刻度就是岩层的倾角。当罗盘 S—N 方向不与走向垂直时所测角度不是岩层的真倾角，称视倾角或假倾角(图 3-2，右)。

当层面不平整时，应在远观与层面一致的那一部分测量。当层面不直接出露时，层理在一度空间出露时只能测量走向，可计算倾向，无法测量倾角，层理凹凸不平时可用野簿或夹子组成一平面测量。当只有下层面出露时，除测量倾向时读南针外，其他测量方法同上。

野外地质工作者通常只测量岩层的倾向和倾角。走向由倾向读数加减 90°即可得到。岩层近直立时，只测走向，不必测倾向；岩层水平时就没有产状，不需要测量，但近于水平而不是水平时，容易产生误差，测量产状要素要十分小心。

岩层产状要素表示方法有文字和符号两种。用方位表示岩层产状要素时，只记录倾向和倾角。如：SE170°∠35°。地质图上产状要素用符号表示，如：⅄ 30°，长线代表走向，短线代表倾向，数字表示倾角。

二、地形图及其使用方法

（一）地形图

地形图是野外地质工作者的好向导，它指明了村庄、河流及交通情况，同时，地形图也是一切地质工作的基础。地质图通常是在地形图上编制出来的，野外分析地形图可以帮助我们粗略地了解某一地区岩层分布与构造情况。因为地壳是由各种岩石组成的，岩层的分布情况受构造控制，又由于岩石抗风化剥蚀能力不同，形成不同的地貌，因此，分析山形、水系的分布可以了解区内岩石和构造情况。

阅读地形图时，首先要了解地形图的比例尺、等高线间距等内容。地形图的比例尺取决于工作的性质和目的，如 1∶250 000 区域地质调查使用的是 1∶100 000 的地形图作底图。此外，还要了解地形图的范围、村庄、道路、山峰、山坡、沟谷、山脊等情况，最后分析地形、水系特点。

（二）地形图使用方法

1. 地形图定向

在使用地形图时，要确定地形图方向，只有把地形图上的地形和实地山形对应起来才能正确地读图。实际做法是：将罗盘的南北（S—N）方向平行于地形图的图框南北方向，使它们处于水平，再轻轻放松磁针，一起转动地形图和罗盘，直至罗盘北针指向北（0°），此时地形图就与实际方位一致了。另一种方法是根据已知标志来确定，当地形图上有与地面相同的标志，如道路，此时转动地形图，使它们延伸方向一致，地形图的方向就确定了。如果没有明确的标志，就利用两个山头的连线来确定。

2. 地形图定点

地形图上定点是把观察的地质现象（如矿体、地层界线、构造现象等）表示在图上，以便以后查阅。常用的定点有以下 3 种方法。

（1）利用地形地物定点。登高远望，先远后近，先大后小，先已知后未知。利用沟口、河流拐弯、山峰、鞍部、坡度变化处、道路交叉处、村庄、孔桥等地形地物标志确定点位。

（2）利用地形地物，配合已知点方位、距离及高程定点。当地质点的位置不是正好处于上述明显的地形、地物附近，而有一段距离时，则可采用方位加距离，或方位加高程的方法来辅助定点，即用罗盘测定此点位于明显地形、地物的方位（用量角器画在地形图上），距离可目估或步测获得，然后在方位线上按比例截取线段，其交点为所定的地质点。高程测量可借助于常见的地物，已知高程的山头、房屋等。

(3)后方三点交汇法定点。地形地物特征不明显时可用后方交汇法，即利用3个已知点的方位，用量角器在图上定点。首先，选择附近明显的3个已知点(3个已知点间要有一定的夹角)，分别测量观察者位于3个已知点的方位(读南针)；然后，在地形图上分别以3个已知点为起点，按已测得的方位读数绘出3条直线。理想的条件下，3条直线相交于一点，如果三者不重合，则成一个三角形，三角形中心为测量者所在点位。

为了使点的位置标定正确，应尽量结合上述两种方法相互校正，但以地形地物分析最常用，每个人应提高自己的读图能力，并每时每刻都要确定自己所在的位置。

三、野簿记录方法

野外记录是珍贵的基础资料，是地质工作一切认识和成果的基础，也是国家的保密资料，因此必须认真对待。要求地质记录要准确、清楚、系统，并且是现场记录。记录须用2H铅笔记录，不得简单、潦草、杂乱及用钢笔等记录。野簿左页是方格纸，用来绘制素描图或剖面图，图件要整洁美观，要有图名、比例尺、方向、图例。右页的横格用于文字记录。最上面要写明日期、地点、天气等。记录格式包括路线名称及编号、任务、观察点号、观察点的位置(点位)、GPS、露头条件及性质(简称露头)、点的意义及性质(简称点义或点性)、观察描述内容(简称内容)和点间记录，如表3-1所示。

表3-1　野簿记录格式

	日期:2011-3-10　　地点:南望山　　天气:晴	
任务	路线1:学校—南望山—学校	
	1. 观察描述中志留统—中二叠统岩性特征	
	2. 观察描述旧水塔断层，画素描图并照相	
	3. 观察描述南望山与北区之间公路边垭口褶皱，画素描图并照相	
	No. 01	
点位	地质大学56栋学生楼北50m，南望山南坡	
GPS		
露头	天然，一般	
点义	岩性控制点	
内容	黄绿色泥质粉砂岩(S_2f)	
	风化面黄色，略带褐色，新鲜面黄绿色；粉砂质结构，中厚层构造	
	主要成分为粉砂质，含量约80%(体积比)，泥质含量约20%。手搓有粗糙感	
	地层产状(S_0):4°∠40°	
	样品:B01	
点　间	自点No.01北行，0～50m为第四系坡积物覆盖；5～120m见灰黄色中—薄层长石石英砂岩、长石砂岩；120～170m为第四系坡积物覆盖	

路线编号从1顺序编起。路线名称一般以野外基地开始，中间选择路线中特征高地1～2处，最后再返回基地，如：基地—218高地—264高地—基地；或者以特征的地名命名，如：学校(基地)—南望山—学校(基地)。

工作中点号往往根据工作地区和不同小组进行编号，如珲春地区可以编为H1001、H2001

等，H为“珲”第一个拼音字母，H后面第一个1为第一组，后面3位数字为点号。点号可以不连续，但不能重复。

野外地质观察点是地质调查工作的基础，它一般布置在：①不同时代地层分界线上；②地层厚度变化较大处；③沉积岩、变质岩和岩浆岩的分界处；④各类褶皱的转折端、倾伏端、地层产状陡缓变化处；⑤各类断层线上；⑥具有特殊意义的地质现象，如矿化点、泉等。

观察点应准确地标定在地形图上，观察到的地质现象按记录格式进行详细描述，以达到全面收集地质资料，正确解决地质问题为目的。

点位　点位一般以距离观察点最近的高地为参照，写成“位于××高地××方向××米处，高程××米”，同时对地貌特征进行简单说明，如山脊、鞍部等。点位之后一般要标出GPS测出的经纬度(实习中省略此项)。

点义或点性　是指观察点的性质或意义，如地层界线点、构造观察点、岩性控制点等。

露头条件及性质　一般要说明基岩出露的性质，如天然、人工、残坡积等。对露头条件要作出简要评价，如良好、一般等。如果露头条件较好，可以说明露头面积，如20m×5m。

观察内容　主要描述岩石的岩性特征和所见的地质现象。岩性特征包括颜色、结构、构造、成分及含量(体积比)。颜色又分为风化面颜色、新鲜面颜色；成分又分为矿物成分(结晶岩石)、碎屑成分(碎屑岩)和填隙物，填隙物又包括杂基(机械混入物)和胶结物。如果观察点处有其他地质现象发育，如断层、解理、褶皱等，应另起一自然段描述这些现象的特征。如果是地层界线点，要以界线走向为界，两侧分别描述。

点间记录　点间记录是按前进方向顺序描述沿途所见的岩性特征。以该点作为起点，注明行进方向、距离、地质现象及其变化情况等。

路线小结　一条路线记录完成后，要进行总结。内容包括路线长度、地质点数量、采集标本数量、主要认识及存在问题和方法建议等。

四、地质路线布置原则

野外地质调查工作是以地质路线为基础而进行的，每条地质路线由若干地质点组成。布置观察路线的方法一般有两种方法。

1. 穿越法

垂直或大角度斜交地层走向(或构造线方向)布置观察路线进行地质观察和填绘地质图的方法。

穿越法适用于下列情况：露头好，岩性、厚度变化不大，地层分界清楚；构造相对较简单；地形平缓，且沟谷、水系多垂直或斜交地层走向分布。

穿越法的优点在于可以很快地了解到岩层的厚度、地层剖面及纵向变化。

2. 追索法

在制绘不同时代地层的地质界线或者为了解决某一地质问题(如断层)时，而沿着一特定方向进行地质观察来填绘地质图的方法。

追索法适应下列情况：地层岩性、厚度变化大，只有在追索过程中才能准确地了解其横向变化，掌握地质界线的延伸和分布；地质界线不明显，一定要经过追索才能填绘；构造复杂、断裂发育地区，为了更好地填绘出断层线而采用追索法；山脊、沟谷、水系平行于地层走向分布，地形条件有利于追索性。

为了提高工作效率，在地貌条件允许的情况下，应以穿越法为主，对重点地质现象采取追索法。

五、地质图及地质剖面图基本概念

1. 地质图

地质图是用规定的符号、颜色、花纹将地壳某部分地质组成、地质现象，按比例投影到平面（地形图）上的图件（图 3－3）。一幅正规的地质图应有图名、比例尺、图例、编图单位和编图日期等。完整的地质图包括地质图、综合地层柱状图和剖面图 3 部分。在一般情况下，综合地层柱状图位于地质图左边，剖面图位于地质图下边，而图例位于地质图右边。

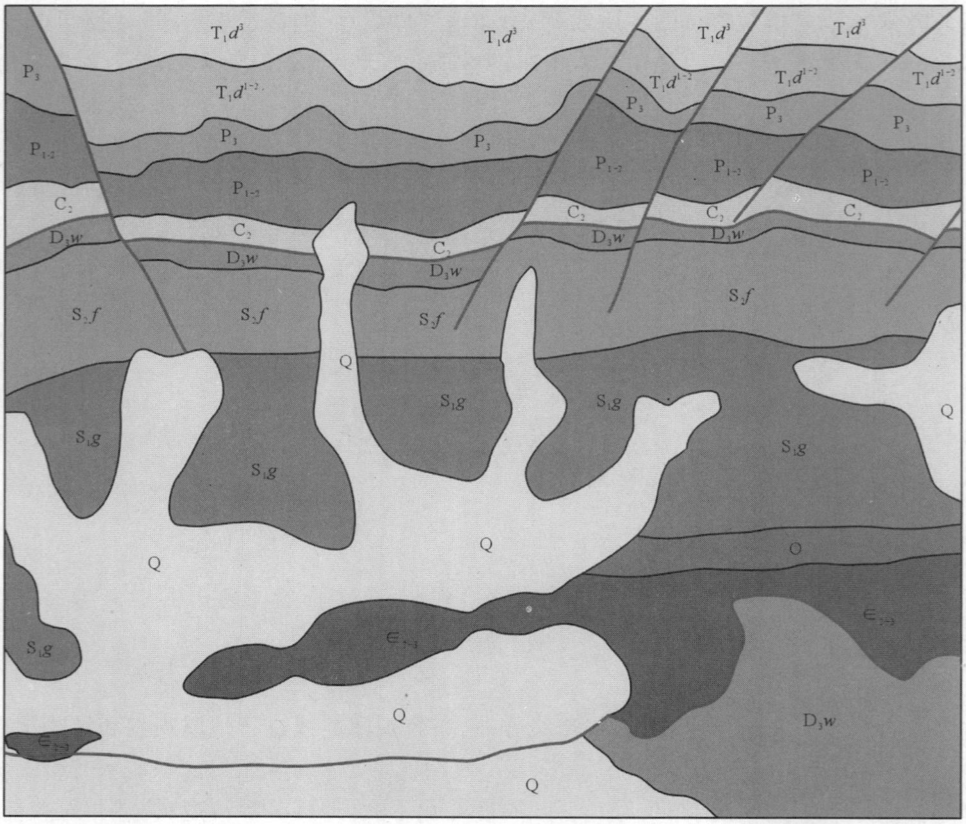

图 3－3　章山地区地质图（比例尺 1∶25 000）

图名　图名常用整齐美观的大字书写（或印刷）。图名要表明图幅所在地区和图的类型，如《北京西山地质图》、《四川省大地构造图》等。正规的地质图名称应有图幅号和图幅名，如《中华人民共和国地质图》G50E004010（棠阴镇幅）、《中华人民共和国地质图》148C001001（临夏市幅）。

比例尺　比例尺可以表明图幅反映实际地质情况的详细程度。比例尺主要有数字比例尺和线条比例尺两种类型。

图例　图例是一张地质图不可缺少的部分，不同类型的地质图有不同的图例。一般地质

图图例是用各种规定的颜色和符号来表明岩石的时代和性质。图例的顺序是自上而下地层、岩浆岩由新到老的排列。图例中的构造符号放在所有地层、岩石图例的下面。

图框外上方要注明编图单位和编图日期，下方注明编图单位负责人及编图人。如根据许多材料综合编成的地质图，要在图框外右下方注上引用的资料(如地质图等)，以及这些资料的编者、出版单位和出版日期。

2. 地质剖面图

地质图所反映的是平面上地质现象，而剖面图则反映的是地下或一定深度上的地质现象。剖面图是用规定的符号、花纹和颜色，按一定的比例、沿一定的方向表示一定距离内地下一定深度的地质现象的图件。根据测制方法不同可分为实测剖面图、路线剖面图和图切剖面图，前二者在室外测制，而后者从地质图上切绘，故又称图切剖面图。剖面图应有和地质图一致的垂直和水平比例尺。地层产状平缓地区，剖面图的垂直比例尺需要放大，那么必须在剖面图上注明水平比例尺和垂直比例尺。剖面图如单独绘制时，需要有图名、图例，并且应该与地质图图例的颜色、代号一致。

六、地层柱状图及编绘方法

1. 地层柱状图

一份正式的地质报告与地质图上，应该附有全区的综合地层柱状图。柱状图可以附在地质图的左边，也可以画在另一张纸上。比例尺视情况而定，一般要大于地质图的比例尺。柱状图应有图名，如果是综合较大区域作出来的，则叫《××地区综合地层柱状图》。

柱状图中的地层要按照从老到新的顺序往上画，在绘制过程中要考虑到不整合和岩浆岩体侵入的关系，必须要把这些重要的现象正确地表示在图上(也有只画地层，不画侵入岩体)。

在时代一栏内分界、系、统、阶(组)4 格，或按地区性地层单位加上群、组、段，以取代“阶”。

地层代号一栏内除了要写上文字符号，还要按国际色谱染上颜色(或统一规定的色谱)。

岩性描述栏中，只描述岩石最主要特征。如岩石名称、颜色、颗粒大小、成分以及其他突出的特点等。如果有火成岩侵入，就应该在其相当的时代位置上加以描述。

化石栏中对化石的描述要用拉丁文写出属名、种名。此外还可以描写化石的保存特点。

地貌及水文地质栏可以合并，也可以分开。地貌主要描述不同岩石经受外力地质作用后在地面上的表现，如石灰岩造成岩溶地貌、石英砂岩造成陡崖等。水文地质栏内是叙述岩石的水文地质性质，如含水层、不透水层等。用蓝色表示含水层的存在，并将厚度注明。

矿产一栏中把各种矿产及有开采价值的岩石写出，并注明矿产、层位、厚度及用途等。

柱状图一般分为以上几栏，也可根据全区的地质特点和工作任务，内容中作适当的增加或减少。

2. 综合地层柱状图

编制综合地层柱状图是对地层野外工作阶段的总结，综合地层柱状图有一定的惯用格式(表 3-2)，应注意以下几点。

(1)地层单位划分清楚，岩石地层单位和年代地层单位划分明确，地层代号和地层厚度准确。

表 3-2　黄石地区综合地层柱状图参考格式

年代地层单位			岩石地层单位		地层代号	柱状图	厚度(m)	岩性描述	备注
界	系	统	群或组	段					
10	10	10	20mm	15	15	25	15	150～180	30

注:表中数据为每格宽度,单位:mm

(2)用地层最大厚度按 1∶10 000 比例尺画出地层柱,地层顺序自下而上由老至新逐层画出,地层厚度大的地层单位柱体可用舒缓的双曲线断开(注意两端不封口),表示厚度省略。地层厚度较小时,柱状图按实际厚度画,但两侧文字说明部分可用较陡的斜线向上或向下加高至能容纳文字说明。

(3)地层柱中岩性花纹按统一要求画出,顶底不留空格,接触关系用规定的线条表示,并在岩性描述一栏中用中文注明(参见附录Ⅰ、Ⅱ、Ⅳ)。

(4)岩性描述要简化,可分为顶部、上部、中部、下部、底部等几个部分综合描述,简写出最主要岩性。

(5)备注栏可写上古生物化石及矿产情况。

(6)写上图名、比例尺及责任表,不用画图例。

七、实测剖面图

(一)实测地质剖面的基本概念

实测剖面图是通过野外实地测量的方式,按一定方向,详细了解测区内地下一定深度、一定距离内的地层、构造和岩体等特征的工作。实测地质剖面的工作成果即为相应的实测地质剖面图。

由于是实地观测,因此实测剖面图能较准确地反映相应的地层、构造和岩体等特征,为后期进一步的工作提供祥实的第一手资料。根据比例尺的不同,相应的工作精度与要求也不同。

根据实测剖面的目的,可分为实测地层剖面与实测构造剖面等基本类型(本次实习主要进行实测地层剖面的工作)。

(二)实测地层剖面的工作方法与步骤

实测地层剖面工作是实习中一项重要的教学内容,也是野外地质工作的基本技能,详细了解其工作方法,严格按照其工作步骤和要求进行实测地层剖面工作,是保证该项工作能否顺利完成的基础。

1. 前期准备阶段。

实测地层剖面工作是一项细致而繁琐的工作,各个环节都不能出错,否则将影响最终的结果,故前期准备工作十分重要。前期准备工作主要有以下几个方面。

(1)测量工具与表格的领取,主要有测绳、记录表和图板等。

(2)根据小组成员的个人情况,合理地进行分工。本次实习中,实测地层剖面工作以各个小组为单位独立完成,根据工作性质小组成员可分为前测手、后测手、分层员、记录员、标本采集员、产状测量员以及照相员等。

小组各成员职责:

前测手 尽量沿着垂直地层的走向方向，选择通行条件较好的路线，边行进边放测绳，在地形的突变处停止行进，作为本分导线的止点（做上记号），并拉直测绳，读取测绳上止点的度数，该读数为分导线的斜距(L)；测量分导线的方位（读南针，俯视为正值，仰视为负值），所读数据与后测手核对，误差小于2°后，把读数报知记录员。当本分导线所有工作完成后，前测手再进行下一个分导线的测量工作。

后测手 拿着测绳的起点处（0m处），当前测手停止行进后，拉直测绳，测量分导线的方位（读北针，俯视为负值，仰视为正值），所读数据与前测手核对，误差小于2°后，报知记录员。当本分导线所有工作完成后，至前测手站立处（做记号处）进行下一个分导线的测量工作。

分层员 负责地层的分层工作，分层的原则主要依据地层的岩性特征及岩性组合特征等，对其进行进一步的划分。分层的编号按0、1、2、…，依次进行，例如中志留统坟头组(S_2f)可分为12个分层，编号1～12，下伏的下志留统高家边组(S_1g)顶部的岩层的分层编号为0层，上覆的上泥盆统五通组(D_3w)底部岩层则为13层，这样实测地层中的目的层[中志留统坟头组(S_2f)]的顶底界线才能够得到有效的控制。分层员要向记录员告知各个分层在分导线上的读数与基本岩性，当分导线处的岩层界线出露不好时，可将分导线两侧的分层界线按岩层的走向投影到分导线上，或延伸分层的层面，当延伸后的层面与分导线相交后，再读取该点的读数，此读数即为分层在分导线上的投影位置，如图3-4所示。分层员在向记录员告知分层位置与分层的岩性后，必须在野外记录簿上详细描述各分层的岩性特征，以及接触关系等。

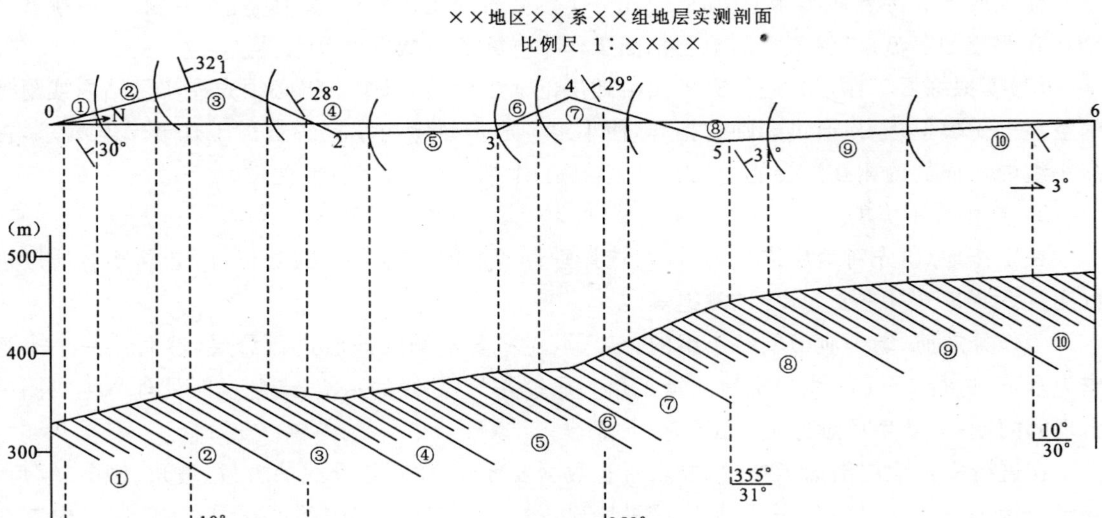

图3-4 地层实测剖面绘制示意图

1. 绘图完成后写好图名，注明比例尺；

2. 平面导线图与剖面图之间虚线示意绘制过程，成图后不再保留

记录员 主要记录实测地层剖面中的各种数据，该项工作必须仔细认真，不能出现任何差错，否则将导致小组实测工作返工。所有数据按要求填写到《实测剖面计录表》(表3-3)的相应栏目中。

表 3-3 野外实测地层剖面记录表

起点位置： 起点高程： 终点位置： 终点高程：

1	2	3	4	5	6	7	8	9	10	11	12	13
导线号	导线长度	导线方位	视坡角	分层号	分层斜距	高程	岩性描述	样品编号	采样位置	产状要素	测量位置	备注

标本采集员、产状测量员及照相员　标本采集员负责各分层标本的采集工作，标本应采集各分层具有代表性的岩性层，大小符合相关要求（3cm×6cm×9cm），标本的编号从记录员获取，同时向记录员告知所采标本在分导线上的投影位置。产状测量员测量每一个分层的岩层产状，如果某分层的厚度较大，则适当增加产状测量的次数，将所测得产状数值与产状测量处在分导线上的投影位置告知记录员。照相员对典型地质现象进行照相，并把照片在分导线的投影位置报告给记录员。标本采集、产状测量和照相点在分导线上的投影原则与记录员相同。

在各成员进行野外实际工作时，应充分了解各自的工作职责，尤其是前、后测手，应挑选两个相互调校的罗盘，以保证实测地层剖面工作中导线测量数据的一致性。

(3)模拟练习。在正式进行野外实测地层剖面工作前，每个小组必须先在实习站内或附近的空地上做模拟练习，通过老师的指导，使小组各成员熟悉与掌握各自的工作环节与要求，提高小组内各成员的相互配合能力，为野外实测工作打下良好的基础。

2. 野外工作阶段

在工作地点，先对地层进行划分，在选择垂直地层的总体走向的方位，由老到新对地层进行测量。测量工具主要为皮尺、测绳等。

工作开展前，老师应带领各小组的分层员，对所要实测的地层进行分层，然后让一个小组作为示范，进行 0—1 导线的实地测量工作。通过 0—1 导线的示范，老师及时处理学生实测中出现的问题，为学生后续的独立工作打下基础。

在进行实习地层剖面工作中，要求所有数据要准确，尤其是导线的方位、坡角、倾向、倾角、分层位置等。另外，每一个分层都应该采集岩石标本，并测量相应的产状等，为后期室内工作提供准确资料。每一个小组在完成实测工作后，应将实测地层记录表格交给老师检查，合格后，该小组野外实测工作才能结束。

实测地层剖面图主要由图名、比例尺、总导线方位、地层剖面图、导线平面图、图例以及责任表等组成（图 3-4）。图名一般是大地名＋小地名＋地层单位，例如“黄石市章山孤儿垴南坡大冶组第一、二段（T_1d^{1-2}）实测地层剖面”。

总导线方位的选择　实测地层剖面起点指向终点的方位称为总导线方位。总导线方位应尽量与地层的走向垂直。

比例尺　根据总导线长度，选择适当的比例尺。

地层剖面图　地层剖面图主要由地形曲线、岩性符号等组成，地形曲线上标注标本采集点及编号。岩性符号的宽度 2cm，分层线 2.5cm，分段线 3cm，分组线 3.5cm。在岩性符号下标上分层号，分段线两侧标上分段符号（地层分段代号），分组线两侧标上分组符号（地层分组代号），标注地层产状。

责任表　责任表主要反映图件的相关信息的表格，本次实习责任表格式如表 3-4。

（三）实测剖面图的计算与编绘

编绘实测地层剖面图首先要整理野外原始资料，然后绘制导线平面图和地层剖面图。野外原始资料记录在实测地层剖面登记表中，实测地层剖面登记表如表 3-3 所示。

表 3-4　责任表

图　名	黄石市章山孤儿瑙南坡大冶组第一、第二段（T_1d^{1-2}）实测地层剖面
作者	姓　名
单位	班　号
审核	指导老师姓名（学生填写）
日期	

1. 野外原始资料的室内整理

原始资料的整理应以实测地层剖面登记表为主，小组成员一起核对，使各项资料完整、准确、一致。如果出现错误或遗漏，应立即设法更正和补充。

将地层实测剖面记录计算表的各空白项通过计算逐一填全，其中重要项目有：

（1）导线平距：$l=L\cos\alpha$（L 为导线长度）。

（2）高程和累积高程：$h=L\sin\alpha$。

（3）产状、分层、采样位置的平距（如导线平距的计算方法）。

（4）岩层厚度：$H=L(\sin\alpha\cos\beta\sin\lambda\pm\sin\beta\cos\alpha)$，其中 λ 为岩层走向与导线方向间的夹角，α 为岩层倾角，β 为坡角。

2. 确定总导线方向

一条地质剖面是通过一定方向的切面，该方向称为剖面方向。由于实地测量的各分导线方位因地形的影响而有所差异，因此，应首先求出总导线的方位，作为实测剖面的方向，可通过下列两种方法获得：

（1）计算法。以 0 基点作为起点，利用计算器逐一计算各基点的坐标，根据最后一个基点的坐标数据便可计算出总导线方向。

（2）作图法。以 0 基点作为起点，利用导线方位和导线平距，顺次将各分导线绘到方格纸上，连接起点和终点，用量角器量出此连线的方位，此方位即可作为总导线方向。

3. 绘制导线平面图和地层剖面图（图 3-4）

在方格纸上以 0 基点为起点，以总导线方向作为水平线画总导线（通常使左端为导线北西、南西或正南方位，右端为南东、北东或正北方位）。然后根据各分导线与总导线方向夹角、导线平距准确地绘出导线平面图，标上基点编号，画上地层分层界线走向线段（长 1～1.5cm），标上地层代号、分层代号、岩层产状，在总导线起点（0 基点）画指向箭头（正北方向），注上总导线方位，此时即完成了导线平面图。

在总导线两端的上方（或下方）的适当位置画垂线，按比例注上海拔高程（水平比例尺和垂直比例尺应一致），然后顺次将导线平面图上各基点向上（或向下）按海拔高程垂直投影在方格纸上，参照野外实测剖面草图勾绘出地形起伏线；顺次将导线平面图上的地层分界点向上（或向下）垂直投影到地形线上，按地层视倾角从地形起伏线向下画斜线（垂直地形线长 2cm 左右）；再按各分层单位的岩性组合，画上规定的岩性花纹（岩性花纹垂直地形线，长 1～1.5cm），在岩性花纹下方整齐地标注上代表性的岩层产状，注上各地层时代和分层单位的代号，在地形剖面线上标上采集标本的位置和编号、剖面经过的地名，在剖面两端或一端注上剖面方位。在图的上方写上图名、比例尺，在图的下方画上图例，右下方画好责任表，此时即完成了实测地层剖面图的绘制工作。

第四章　实习报告的编写与要求

野外地质填图工作结束之后，即转入室内资料整理，编写地质实习报告。首先要整理所有的原始资料，包括野外手绘图，审阅野外记录本，清理描述采集的标本；其次要编绘正式的地质图件，图件的格式应符合规范要求，主要附图有地形地质图、综合地层柱状图、实测地层剖面图。各章的基本内容简述如下：

绪言

包括两部分内容：

一、实习区地理位置、行政区划、交通条件（附交通位置图）、地貌特点、主要水系、气候概况、工农业概况、地质调查史等。

二、实习的目的和任务、实习范围及内容、起止时间、组队情况、指导老师、完成的工作量（观察路线长度及观察点数、地质填图面积、实测剖面长度、采集标本数量等）及所取得的工作成绩。

第一章 地层

首先概述实习区地层发育情况，出露了哪些地层，缺失了哪些地层，然后从老至新描述如下：

一、下古生界

1. 寒武系

2. 奥陶系

3. 志留系

二、上古生界

1. 泥盆系

2. 石炭系

3. 二叠系

三、中—新生界

1. 三叠系

2. 白垩系—古近系

3. 第四系

描述格式：

（1）以系或统为单位，描述地层分布范围，包括分布地理位置、构造部位及规模。

（2）以系、统或组为单位描述地层岩性及岩性组合特征，特殊结构和构造，化石门类及丰富程度，地层厚度。

（3）描述与下伏地层的接触关系。

（4）以纪为单位对沉积环境作简要分析。

描述举例：

二、上古生界

1. 泥盆系(D)

泥盆系仅发育上统五通组(D_3w)。分布于冲天风南坡—陈思磅水库一带，为灰白、灰黄色厚层状细粒石英砂岩，底部或层间局部夹砾岩、含砾砂岩。厚度小于60m。与下伏地层志留系高家边组(S_2f)平行不整合接触。

早、中泥盆世地壳上升遭受剥蚀，晚泥盆世地壳下降，接受了一套滨海相陆源碎屑岩沉积。

第二章　岩石

一、岩浆岩

二、变质岩

第三章　构造

概述

一、褶皱

二、断层

三、其他构造类型

四、构造发展史

第四章　矿产

一、内生矿产

二、外生矿产

结束语

结束语是对整个地质教学实习的总结和评价，主要包括下列3个方面：简练地肯定实习中的主要成绩、新的认识、新的发现；简要地叙述实习中存在的问题和不足之处，对今后实习提出建议；对有关方面表示感谢。

附Ⅰ 各种地质符号

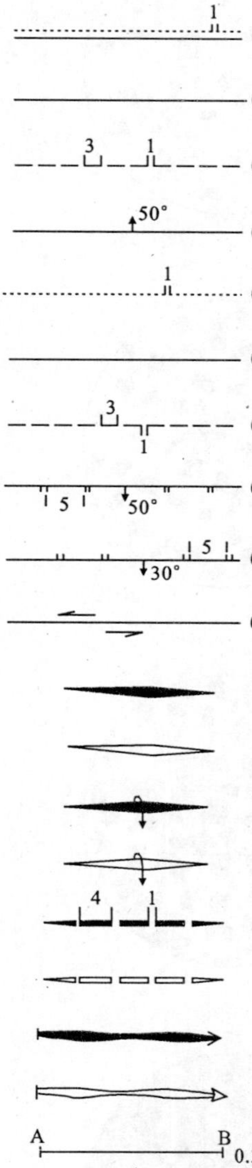

- 0.1 不整合界线(黑)
- 0.1 实测地层界线及侵入体接触线(黑)
- 0.1 推测地层接触界线及侵入体接触线(黑)
- 0.1 侵入岩与围岩接触面产状(箭头指示接触面倾向，数字为倾角)
- 0.1 岩相分界线
- 0.3 实测断层线(红)(性质不明)
- 0.3 推测断层线(红)(性质不明)
- 0.3 正断层(红)
- 0.3 逆断层(红)
- 0.3 平推断层(红)
- 背斜轴线(轴迹)
- 向斜轴线(轴迹)
- 倒转背斜轴线(轴迹)(箭头指向轴面倾向)
- 倒转向斜轴线(轴迹)(箭头指向轴面倾向)
- 隐伏背斜轴线(轴迹)
- 隐伏向斜轴线(轴迹)
- 背斜枢纽的起伏及倾伏
- 向斜枢纽的起伏及倾伏
- 0.3 剖面线

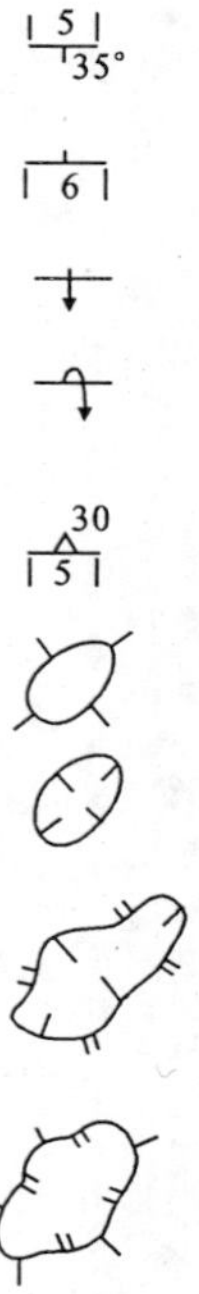

- 岩层倾向及倾角
- 水平地层产状(0°~5°)
- 直立地层产状(箭头指向较新地层)
- 倒转地层产状(箭头指向倒转后倾向)
- 片理或片麻理倾向及倾角
- 穹窿构造
- 盆地构造
- 飞来峰
- 构造窗

附Ⅱ　标准含量图

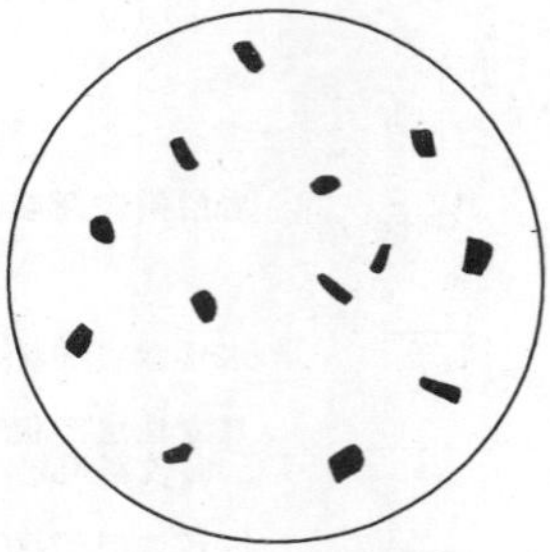
1%

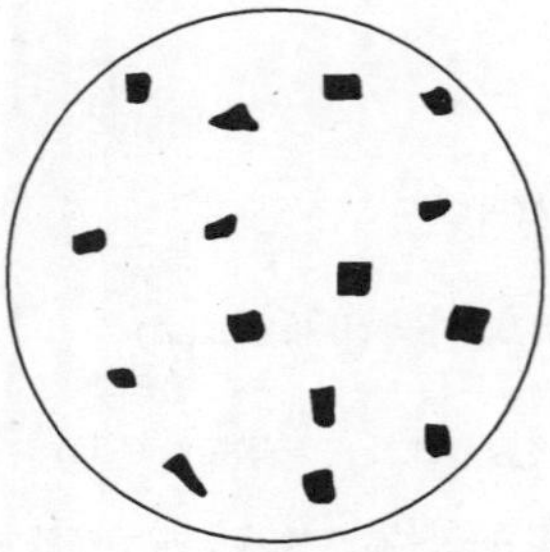
3%

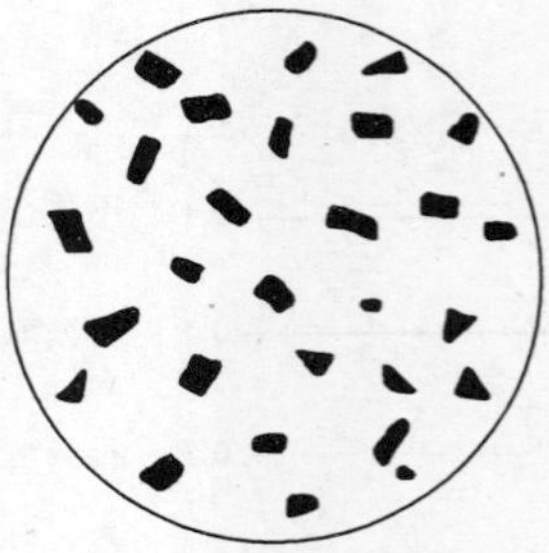
5%

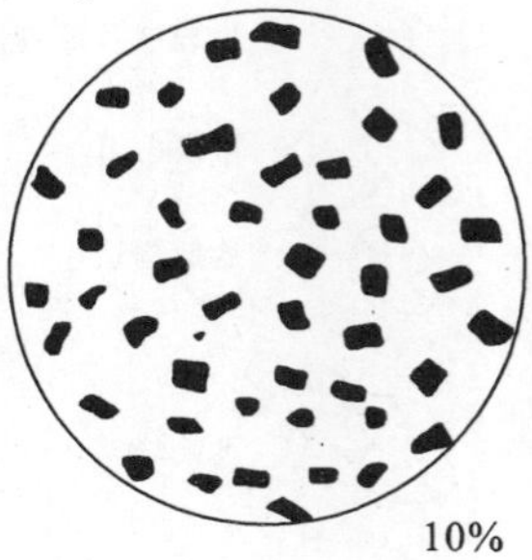
10%

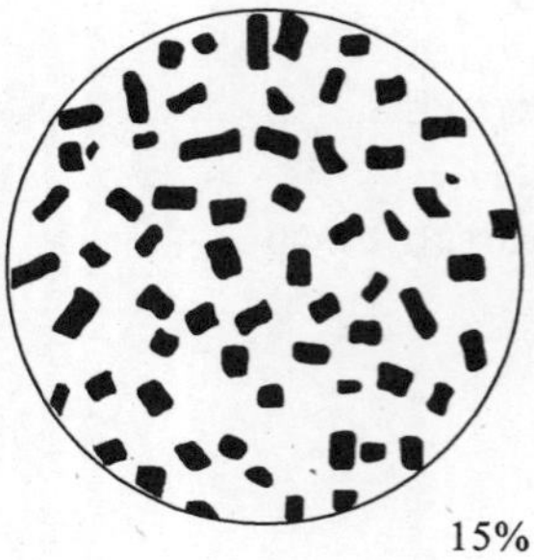
15%

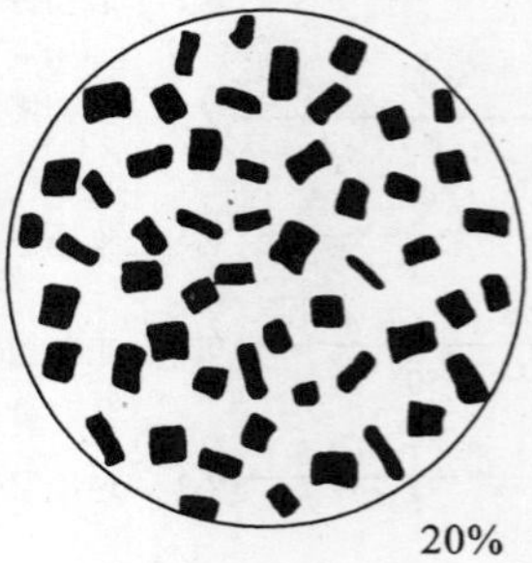
20%

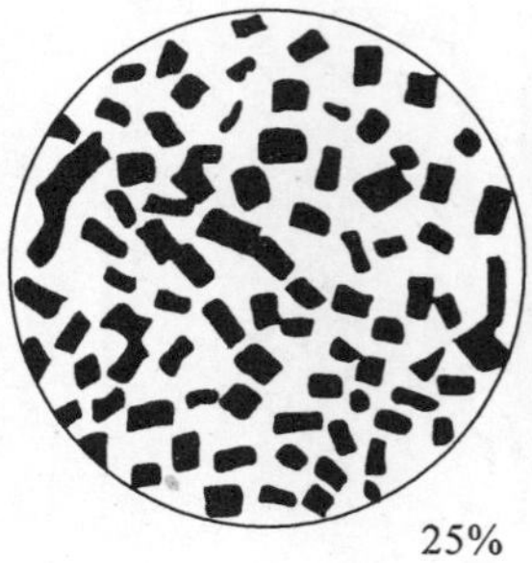
25%

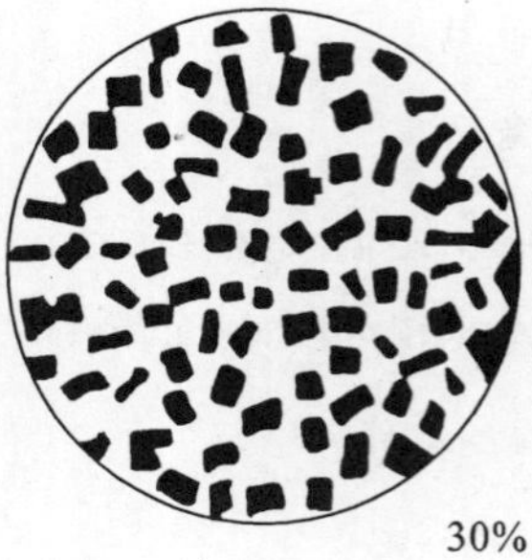
30%

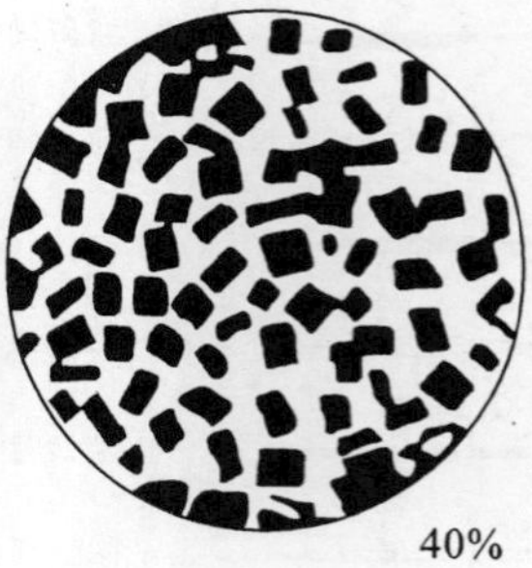
40%

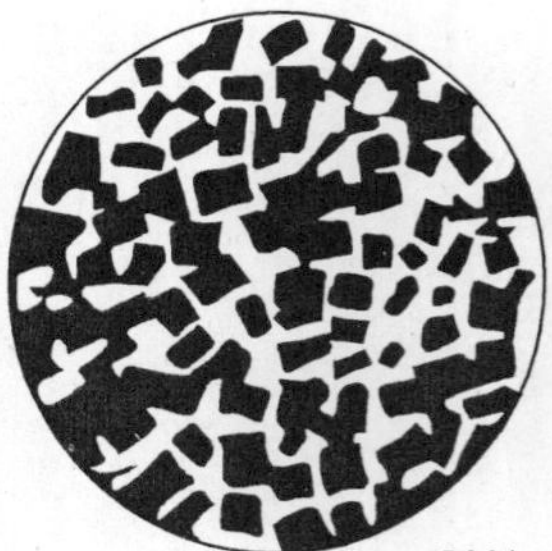
50%

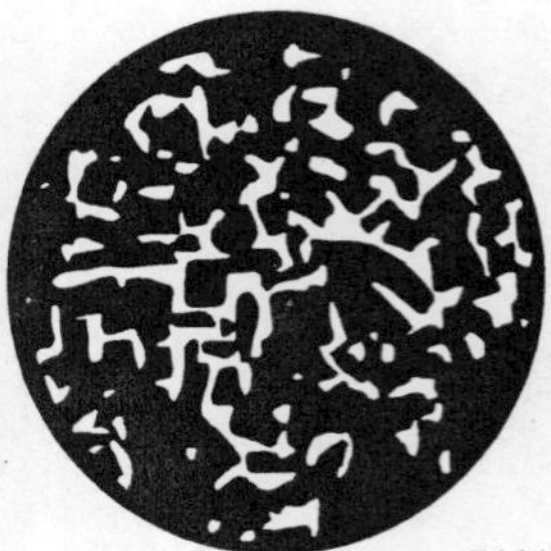
70%

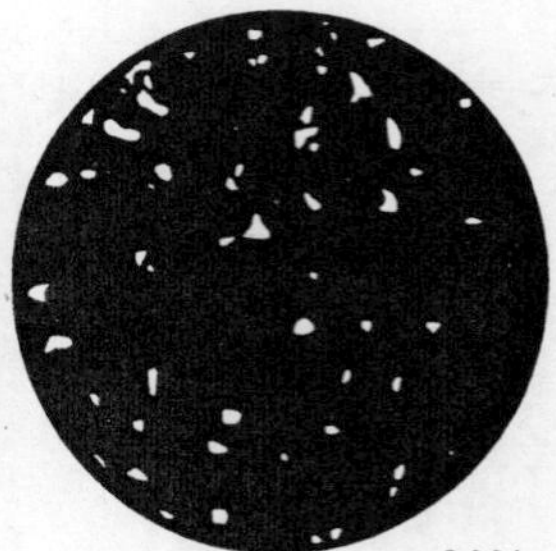
90%

附Ⅲ　地层代号及色谱

宇（代号）	界（代号）	系（代号）	统（代号）	色谱（色标）	年龄(Ma)
显生宇（PH）	新生界（Cz）	第四系（Q）	全新统（Qh）	淡黄色（601-640）	
			更新统（Qp）		2.6
		新近系（N）	上新统（N_2）	鲜黄色（641-666）	
			中新统（N_1）		23.3
		古近系（E）	渐新统（E_3）	土黄色（641-666）	
			始新统（E_2）		
			古新统（E_1）		65
	中生界（Mz）	白垩系（K）	上统（K_2）	鲜绿色（667-694）	
			下统（K_1）		137
		侏罗系（J）	上统（J_3）	天蓝色（699-738）	
			中统（J_2）		
			下统（J_1）		205
		三叠系（T）	上统（T_3）	绛紫色（743-784）	
			中统（T_2）		
			下统（T_1）		250
	古生界（Pz）	二叠系（P）	上统（P_3）	淡棕色（789-820）	
			中统（P_2）		
			下统（P_1）		295
		石炭系（C）	上统（C_2）	灰色（825-855）	
			下统（C_1）		354
		泥盆系（D）	上统（D_3）	咖啡色（860-907）	
			中统（D_2）		
			下统（D_1）		410
		志留系（S）	顶统（S_4）	果绿色（912-951）	
			上统（S_3）		
			中统（S_2）		
			下统（S_1）		438
		奥陶系（O）	上统（O_3）	蓝绿色（956-988）	
			中统（O_2）		
			下统（O_1）		490
		寒武系（∈）	上统（$\in_3$）	暗绿色（993-1026）	
			中统（$\in_2$）		
			下统（$\in_1$）		543
元古宇（PT）	上元古界（Pt_3）	震旦系（Z）	上统（Z_2）	绛棕色（1031-1080）	
			下统（Z_1）		
					1000
	中元古界（Pt_2）			棕红色（1081-1102）	1800
	下元古界（Pt_1）			棕红色（1103-1110）	2500
太古宇（AR）				玫瑰红色（1116-1130）	

附Ⅳ 各种常见岩石花纹图例

1. 沉积岩花纹

(1) 砾岩

砾岩

砂砾岩

角砾岩

复矿砾岩

钙质砾岩

砂质砾岩

铁质砾岩

硅质砾岩

(2) 砂岩

粗砂岩

中砂岩

细砂岩

含砾砂岩

含砾复矿砂岩

石英砂岩

复矿砂岩

硬砂岩

长石砂岩

长石石英砂岩

钙质砂岩

泥质砂岩

铁质砂岩

含磷砂岩

凝灰质砂岩

海绿石砂岩

(3) 粉砂岩

粉砂岩

复矿粉砂岩

钙质粉砂岩

泥质粉砂岩

铁质粉砂岩

凝灰质粉砂岩

(4) 页 岩

泥质页岩（页岩）

钙质页岩

砂质页岩

粉砂质页岩

硅质页岩

炭质页岩

铝土页岩

凝灰质页岩

泥页岩（或粘土岩）

含钾页岩

(5) 灰 岩

石灰岩

结晶灰岩

含泥质灰岩

硅质灰岩

泥灰岩

白云质灰岩

砂质灰岩

生物灰岩

含燧石结核灰岩

鲕状灰岩

竹叶状灰岩

碎屑状灰岩

角砾灰岩

白云岩

泥质白云岩

砂质泥灰岩

(6) 其他岩石

铝土岩

硅质岩

磷块岩

煤层及夹层

断层角砾岩

铁矿层

断层泥

2. 岩浆岩花纹

（1）侵入岩

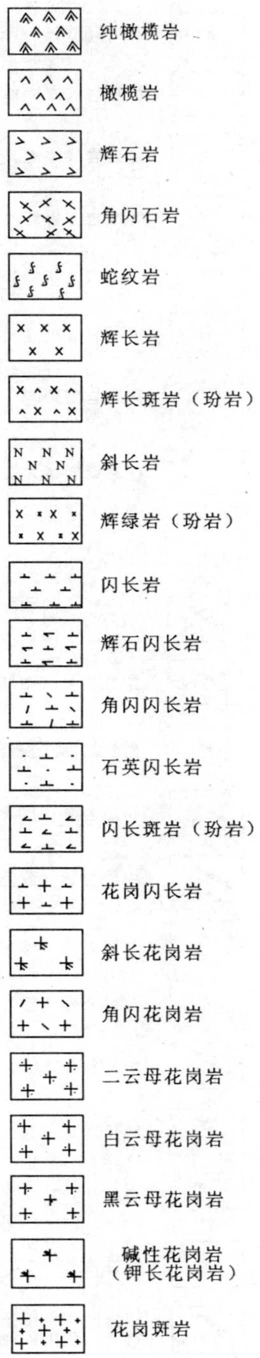

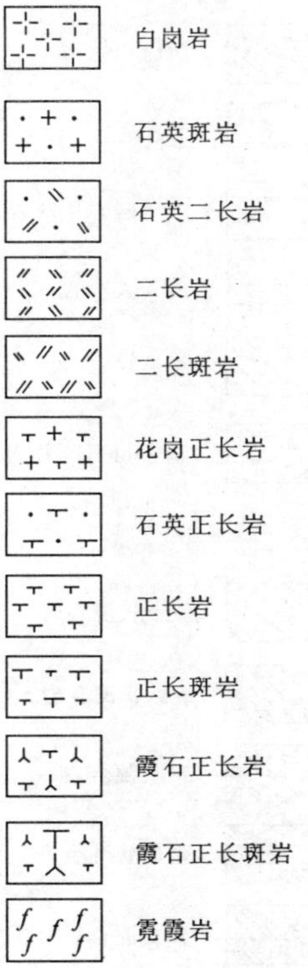

（2）脉岩、矿脉

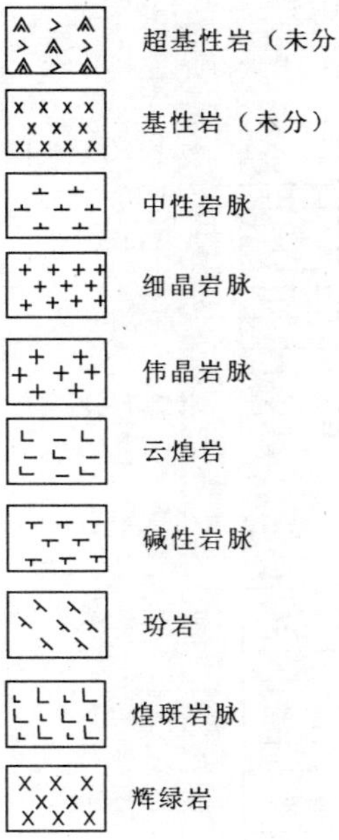

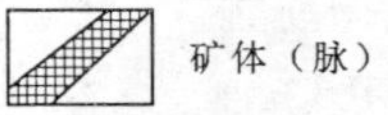

（3）喷出岩花纹

火山碎屑岩

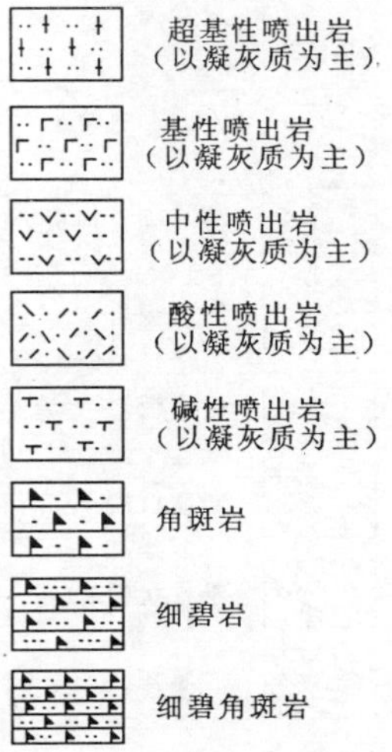

熔岩

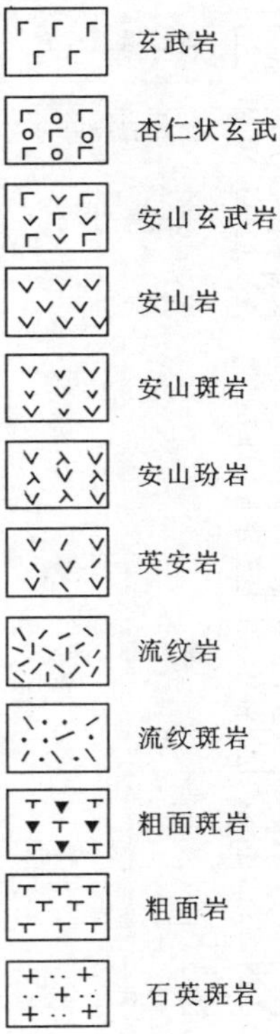

3.变质岩花纹

(1) 区域变质岩

- 板岩（未分）
- 千枚岩（未分）
- 片岩（未分）
- 矽（硅）质板岩
- 钙质板岩
- 砂质板岩
- 炭质板岩
- 千枚状板岩
- 石墨片岩
- 帘石片岩
- 斜长绿泥片岩
- 蛇纹石片岩
- 绿泥片岩
- 滑石片岩
- 变质砂岩
- 石英岩
- 长石石英岩
- 角闪岩（未分）
- 辉石岩
- 片麻岩
- 正片麻岩
- 副片麻岩
- 花岗片麻岩
- 大理岩
- 矽（硅）化灰岩
- 白云大理岩
- 石英片岩
- 绢云母石英片岩

(2) 混合岩

- 条带状混合岩
- 角砾状混合岩
- 网状混合岩
- 眼球状混合岩
- 分支混合岩
- 肠状混合岩

(3) 岩石构造

- 板状、千枚状构造
- 片状构造
- 片麻状构造
- 混合岩构造

4.主要岩浆岩代号及色谱

代号	岩石（色谱）
γ	花岗岩（红）
δ	闪长岩（橙红）
ξ	正长岩（橙）
ν	辉长岩（绿）
ψ_1	辉岩（蓝绿）
σ	橄榄岩（深橄榄色）
λ	流纹岩（朱红）
τ	粗面岩（橙红）
α	安山岩（灰绿）
β	玄武岩（深绿）
β_μ	辉绿岩细碧岩（浅绿）
γ_π	花岗斑岩（大红）

5.岩脉、矿脉符号及色谱

符号	岩脉（色谱）
q	石英脉（紫）
γ	酸性岩脉（暗红）
ι	酸性岩脉（淡红）
p	伟晶岩脉（玫瑰红）
σ	中性岩脉（蓝色）
N	基性岩脉（绿）
χ	煌斑岩脉（棕）
μ	玢岩脉（灰绿）
ν	辉长岩脉（绿）
Σ	超基性岩脉（紫）
K	碱性岩脉（橙）
Au	矿脉（代号用元素符号，色用矿种色）

附V 国际地层表

宇	界	系	统	阶	年龄(Ma)	GSSP
显生宇	新生界	第四系	全新统		0.0117	
			更新统	“上更新统”	0.126	
				伊奥尼雅阶	0.781	
				卡拉布里雅阶	1.806	
		新近系	上新统	格拉斯阶	2.588	
				皮亚森兹阶	3.600	
				赞克尔阶	5.332	
			中新统	梅辛阶	7.246	
				托尔通阶	11.608	
				塞拉瓦尔阶	13.82	
				兰哥阶	15.97	
				布尔迪加尔阶	20.43	
				阿启坦阶	23.03	
		古近系	渐新统	夏特阶	28.4±0.1	
				鲁培尔阶	33.9±0.1	
			始新统	普利亚本阶	37.2±0.1	
				巴尔通阶	40.4±0.2	
				鲁帝特阶	48.6±0.2	
				伊普里斯阶	55.8±0.2	
			古新统	坦尼特阶	58.7±0.2	
				赛兰特阶	~61.1	
				丹尼阶	65.5±0.3	
	中生界	白垩系	上统	马斯特里赫特阶	70.6±0.6	
				坎潘阶	83.5±0.7	
				三冬阶	85.8±0.7	
				康尼亚克阶	~88.6	
				土仑阶	93.6±0.8	
				赛诺曼阶	99.6±0.9	
			下统	阿尔布阶	112.0±1.0	
				阿普特阶	125.0±1.0	
				巴雷姆阶	130.0±1.5	
				欧特里夫阶	~133.9	
				凡兰吟阶	140.2±3.0	
				贝利阿斯阶	145.5±4.0	

宇	界	系	统	阶	年龄(Ma)	GSSP
				(top)	145.5±4.0	
显生宇	中生界	侏罗系	上统	提塘阶	150.8±4.0	
				基末利阶	~155.6	
				牛津阶	161.2±4.0	
			中统	卡洛夫阶	164.7±4.0	
				巴通阶	167.7±3.5	
				巴柔阶	171.6±3.0	
				阿林阶	175.6±2.0	
			下统	土阿辛阶	183.0±1.5	
				普林斯巴阶	189.6±1.5	
				辛涅缪尔阶	196.5±1.0	
				赫塘阶	199.6±0.6	
		三叠系	上统	瑞替阶	203.6±1.5	
				诺利阶	216.5±2.0	
				卡尼阶	~228.7	
			中统	拉丁阶	237.0±2.0	
				安尼阶	~245.9	
			下统	奥伦尼克阶	~249.5	
				印度阶	251.0±0.4	
	古生界	二叠系	乐平统	长兴阶	253.8±0.7	
				吴家坪阶	260.4±0.7	
			瓜德鲁普统	卡匹敦阶	265.8±0.7	
				沃德阶	268.0±0.7	
				罗德阶	270.6±0.7	
			乌拉尔统	空谷阶	275.6±0.7	
				亚丁斯克阶	284.4±0.7	
				萨克马尔阶	294.6±0.8	
				阿瑟尔阶	299.0±0.8	
		石炭系	宾夕法尼亚亚系 上统	格舍尔阶	303.4±0.9	
				卡西莫夫阶	307.2±1.0	
			宾夕法尼亚亚系 中统	莫斯科阶	311.7±1.1	
			宾夕法尼亚亚系 下统	巴什基尔阶	318.1±1.3	
			密西西比亚系 上统	谢尔普霍夫阶	328.3±1.6	
			密西西比亚系 中统	维宪阶	345.3±2.1	
			密西西比亚系 下统	杜内阶	359.2±2.5	

*第四系的定义与更新统的修订正在讨论中。更新统的地界1.81Ma（卡拉布里雅阶的底），也可能下延至2.59Ma（格拉斯阶的底）。历史上曾用过的“第三系”包括古近系与新近系，没有正式地位。

宇	界	系	统	阶	年龄(Ma)	GSSP
				(top)	359.2±2.5	
显生宇	古生界	泥盆系	上统	法门阶	374.5±2.6	
				弗拉阶	385.3±2.6	
			中统	吉维特阶	391.8±2.7	
				艾菲尔阶	397.5±2.7	
			下统	埃姆斯阶	407.0±2.8	
				布拉格阶	411.2±2.8	
				洛霍考夫阶	416.0±2.8	
		志留系	普利道利统		418.7±2.7	
			罗德洛统	卢德福德阶	421.3±2.6	
				戈斯特阶	422.9±2.5	
			文洛克统	侯墨阶	426.2±2.4	
				申伍德阶	428.2±2.3	
			兰多维列统	特列奇阶	436.0±1.9	
				埃隆阶	439.0±1.8	
				鲁丹阶	443.7±1.5	
		奥陶系	上统	赫南特阶	445.6±1.5	
				凯迪阶	455.8±1.6	
				桑比阶	460.9±1.6	
			中统	达瑞威尔阶	468.1±1.6	
				大坪阶	471.8±1.6	
			下统	弗洛阶	478.6±1.7	
				特马豆克阶	488.3±1.7	
		寒武系	芙蓉统	第十阶	~492*	
				第九阶	~496*	
				排碧阶	~499	
			第三统	古丈阶	~503	
				鼓山阶	~506.5	
				第五阶	~510*	
			第二统	第四阶	~515*	
				第三阶	~521*	
			纽芬兰统	第二阶	~528*	
				幸运阶	542.0±1.0	

表中寒武系带星号的单位年龄是非正式的，有待正式定义。

	宇	界	系	年龄(Ma)	GSSP GSSA
			(top)	542	
前寒武系	元古宇	新元古界	埃迪卡拉系	635	
			成冰系	850	
			拉伸系	1000	
		中元古界	狭带系	1200	
			延展系	1400	
			盖层系	1600	
		古元古界	固结系	1800	
			造山系	2050	
			层侵系	2300	
			成铁系	2500	
	太古宇	新太古界		2800	
		中太古界		3200	
		古太古界		3600	
		始太古界		4000	
	冥古宇			4600	

全球年代地层单位是以其底界界定的。显生宙（约5.42亿年至现代）的每一个全球年代地层单位和埃迪卡拉系的底界通过底部的全球界线层型剖面和层型点（GSSP，用符号来表示）界定，而前寒武系的年代地层单位的正式划分是根据绝对年龄（GSSA）。每一个GSSP的详情公布在国际地层委员会的网站上（www.stratigraphy.org）。

显生宇绝大多数地层单位的年龄值还有待修订。寒武系的部分阶将在限定的期限内、在取得国际统一意见的基础上正式命名。大多数亚阶之间的界线（如中与上阿普特亚阶之间的界线）尚未正式定义。

主要参考文献

湖北区测队. 1∶50 000 铁山幅区域地质调查和矿产普查会战的基本情况[R]. 1977.
湖北省地质局. 1∶50 000 区域地质调查报告(铁山幅)[R]. 1977.
姚凤良,孙丰月. 矿床学教程[M]. 北京:地质出版社,2006.
叶俊林,黄定华,张俊霞. 地质学概论[M]. 北京:地质出版社,2006.
袁见齐等. 矿床学[M]. 北京:地质出版社,1985.
曾左勋,樊光明,刘强,易顺华等. 构造地质学实习指导书[M](新版). 武汉:中国地质大学出版社,2008.
朱志澄. 构造地质学(第二版)[M]. 武汉:中国地质大学出版社,1999.